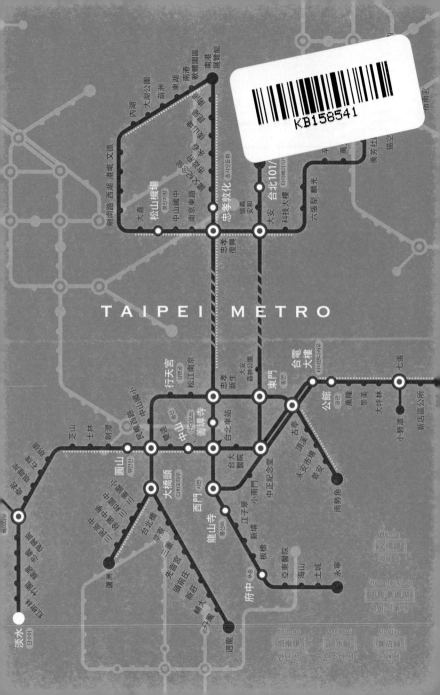

어느 날 문득, 타이베이 📷

ⓒ 이주원 2015

초판 1쇄 인쇄 2015년 2월 10일
초판 1쇄 발행 2015년 2월 16일

지은이 / 이주원

펴낸이 。편집인 / 윤동희

편집 / 김민채 박성경
기획위원 / 홍성범
디자인 / print/out(이주원)
마케팅 / 방미연 최향모 유재경
온라인 마케팅 / 김희숙 김상만
　　　　　　　한수진 이천희
제작 / 강신은 김동욱 임현식
제작처 / 영신사

펴낸곳 / (주)북노마드
출판등록 / 2011년 12월 28일 제406-2011-000152호

주소 / 413-120 경기도 파주시 회동길 216
문의 / 031.955.1935(마케팅) 031.955.2646(편집)
　　　 031.955.8855(팩스)
전자우편 / booknomadbooks@gmail.com
트위터 / @booknomadbooks
페이스북 / www.facebook.com/booknomad

ISBN 978-89-97835-92-8 03980

이 책의 국립중앙도서관 출판시도서목록(CIP)은 e-CIP홈페이지
(www.nl.go.kr)에서 이용하실 수 있습니다. (CIP제어번호 : CIP 2015003482)

타이베이

이주원 지음

어느 날 문득,

새로운 타이베이 골목 산보 69
지하철 노선을 따라 떠나는

북노마드

$\vdots$

Prologue

"베르메르는 이 세상에서 그토록 평범하고
제한된 주제로부터 아름다움을 끌어낼 줄 알았던
유일한 화가였다."

장 루이 보두아이예

Jean-Louis Vaudoyer

불현듯 타이베이로 떠났다.
지상파 방송 프로그램의 인기로 한바탕 광풍이 휘몰아치고 난 뒤
마주한 타이완의 수도는, 아직 촌스러운 뿔테 안경을 벗지 못한
말간 얼굴의 사춘기 소녀 같은 인상이었다. 아아, 그마저도 거창하다.
그냥 이런저런 수식어를 걷어치우고, 심심한 듯 태평한 듯 그러나
결코 무료하지는 않은 곳, 타이베이.
보두아이예가 베르메르를 가리켜 표현했던 것처럼, 지극히 평범한
가운데에서 온전하게 자신의 매력을 슬금슬금 내보이고 있는
그런 곳이었다, 타이베이는. 이 책은 과하지도, 넘치지도 않는
아시아 어느 작은 나라의 이야기이다.

기호 읽기

📷 명소　　🧺 시장. 쇼핑

☕ 카페. 찻집　　🍜 식당. 간식　　📖 서점. 선물　　페이지로 이동

258 ▶▶

타이베이는 흥미로운 도시이다.

동남아시아 특유의 열기와 활기를 듬뿍 담고 있으면서도,

일본식의 깔끔함과 예의 바름, 중국식의 수더분함과 호방함을

동시에 품고 있는 지역이기 때문이다.

우리나라 지하철에 비해 조금 협소하지만, 더할 나위 없이

깔끔한 타이베이 지하철은 시내 곳곳을 연결하고 있다.

특히 지하철에서는 시민들의 생생한 일상을 가까이서 엿볼 수 있어,

독자들에게도 '지하철 발품 여행'을 권하고 싶다. 타이완 사람들은

교통수단 내에서 가볍게 음료수를 마시는 것조차 철저하게 금하는

원칙주의자들이기도 하지만, 길에서 눈이 마주칠 때마다

선하게 웃음 짓는 좋은 사람들이기도 하다. 선의로부터 마음 한편이

절로 따스해지는 기분 좋은 경험을 만끽하고 돌아올 수 있을 것이다.

타이베이 알고 떠나기

타이완은 필리핀과 중국, 우리나라 사이에 위치해 있다. 수도인 타이베이는 우리나라 남한의 면적과 비교했을 때 약 절반 정도의 규모이며, 인구수는 서울시 인구의 4분의 1 정도에 불과하다. 검박하고 부지런한 국민들 덕에 세계 30위권 이내의 경제 수준을 자랑하고 있다.

Information

명칭 Name	타이완 / Taiwan

수도 Capital　타이베이 / Taipei

시차 Time　1시간　한국보다 1시간 빠르다

통화 Currency　타이완 달러　1TWD = 약 35원

GDP　5,055억 USD　국가 순위 27위 (2014년 IMF)

인구 Population　약 2,700만 명

명절 Holidays　음력 1.1 - 중국설 / 음력 5.5 - 단오절 / 음력 8.15 - 중추절

언어 Language　중국어

교통 Metro　노선 5개　1996년 첫 개설

날씨 Weather　연평균 23℃

기념품 Souvenir　펑리쑤, 차茶 관련 물품

전화번호 Call number　+886

인구구성 Structure　98% 한족, 2% 원주민

Map of Taiwan

타이완은 남북으로 길게 뻗은 영토로 이루어져
길쭉한 고구마와 같은 형상을 하고 있다.
수도 타이베이는 국토의 최북단에 위치해 있어
아열대성 기후의 영향을 받아 여름이면 무덥고 습하나,
대체적으로 온화한 기후로 여행하기 좋은 곳이다.

TAIWAN

121°38E / 25°02N
동경 121° 38"
북위 25° 02"

TAIPEI

3-4월   봄 / 온난하고 관광에 최적
5-9월   여름 / 무척 덥고 습함, 태풍
10-11월 가을 / 선선하고 쾌적함
12-2월   겨울 / 서늘하나 비교적 온화

TAOYUAN
타오위안

TAICHUNG
타이중

HUALIEN
화렌

RIYUETAN
르웨탄 호수

CHIAYI
지아이

TAINAN
타이난

TAITUNG
타이둥

KAOHSIUNG
가오슝

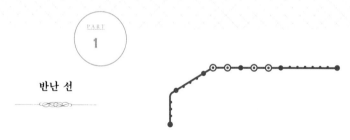

PART

1

반난 선

14 **푸중 역**　　　임가화원　바더타이스위안　난야예스

28 **룽산쓰 역**　　　룽산쓰　쏸류위안즈뎬　화쓰제관광예스

42 **시먼 역**　　　　시먼훙러우　아쭝몐산　야러우볜　아스토리아　징후주냥빙
　　　　　　　　　펑다카페이

58 **산다오쓰 역**　　화산1914　광뎬카페이스광　푸캉더우장　젠궈자르위스

76 **중샤오둔화 역**　하오양시환　하오양번스　투스리야　옌징카페이

PART
2

단수이 선

92	**타이베이101/스마오 역**	쓰쓰난춘 하오추 청핀수뎬
104	**중산 역**	타이베이 필름하우스 타이베이 당대예술관 더아일랜드 미리원스
120	**위안산 역**	마지스퀘어 타이베이 스토리하우스 쿵먀오 바오안궁 카팡궁쭤스 더우화촹
134	**베이터우 역**	베이터우 온천박물관 원지러우겅
142	**단수이 역**	단수이 단장 중고등학교 산토 도밍고 라오파이아게이 커커우위완 훙러우3

중허-신루 선

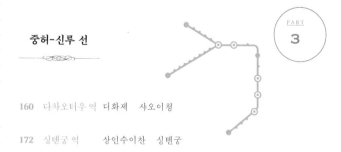

160 다차오터우 역   디화제   샤오이청

172 싱텐궁 역   상인수이찬   싱텐궁

180 둥먼 역   관쯔차수관   젠궈쯔   이핀산시다오샤오멘즈자   핀모량싱
             이전이샨앤드라이하오

신뎬 선

196 타이뎬다러우 역   스다예스   비드바이포유타이완

202 궁관 역   란자거바오   하이벤더카푸카   타이이뉴나이다왕

PART
5

원후 선

214 쑹산지창 역　샤오푸뤄왕쓰　웨이러산추　두얼카페이관　팡팡탕

228 둥우위안 역　마오쿵　즈난궁　롱먼커잔　칭취안산장

근교로 나서기

PART
6

244 진과스　　주펀　　잉거　　싼샤

　　허우둥　　스펀　　우라이

258 INDEX

262 TAIPEI METRO

반난선 타고서

BANNAN LINE TOUR

板南線

반난선

府中
푸중 역

○ 반난 선

다른 버스나 지하철로 갈아탈 필요도 없이,
공항에서부터 사십 분가량 버스의 흔들림에
몸을 내맡기면 어느덧 목적지에 도착해 있다.
푸중 역은 타오위안국제공항으로부터의
접근성이 좋을 뿐만 아니라 한갓지고 깨끗해,
번잡스러움을 꺼리는 이에게는 숙박지로서도
적합한 곳이다. 저녁이면 역에서 멀지 않은 곳에
'투어리스트 야시장'이 형성되어
가볍게 구경 나가기에도 좋다.

역에 도착해 중심가로 걸음을 옮기면 한눈에 시선을
잡아끄는 구름다리가 보인다. 출퇴근 시간이면 발걸음
을 재촉하는 행인들의 물결로 시끌시끌해진다.

푸중 역은 아주 유명한 관광 명소나 다양한 볼거리가 있는
동네는 결코 아니다. 그러나 달리 말하자면, 오히려 그래서
이곳을 베이스캠프 삼아 타이베이 시민들의 일상 모습과
자연스러운 활기를 경험할 수 있다. 그래서인지 지하철역
근처에서는 깔끔한 비즈니스 호텔, 게스트하우스 등이 눈에 띈다.
근방에서 가장 뛰어난 볼거리로는 '임가화원林本源園邸'을 첫손에
꼽을 수 있는데, 이름에서 알 수 있듯이 임林씨네 '넓은 정원'을
마음껏 구경할 수 있는 명소다. 역에서 조금 떨어진 곳에는
까르푸Carrefour 매장도 위치해 있어 시내 관광을 위한
'베이스캠프' 역할을 하기에 부족함 없는 곳이다.

친절한 안내원들이 인사를 건네는 입구를 지나면 바로
나타나는 작은 길. 정원수들은 이제 막 손질을 마친 듯,
흠뻑 물기를 머금고 있다.

오전 9시쯤, 출근길 발걸음을 서두르는 현지 사람들의 물결을
한차례 떠나보내고 나서 슬슬 산책에 나서보기로 한다.
지하철역에서부터 걷기를 15분 남짓, 주위 주택들과는 사뭇
다른 느낌을 풍기는 감빛 담장이 보이기 시작하니,
목적지에 다다른 듯하다. 작고 단아한 솟을대문과는 달리,
안쪽으로 들어가면 들어갈수록 새로운 공간이 나타난다.
흡사 레게 머리처럼 갈래갈래 얽혀 덩어리를 이룬
나무줄기들, 그에 반해 작은 화분에 담겨 고아한 멋을
뽐내는 분재들의 조화가 이채롭다. 어느 곳을 둘러보나
밝은 초록빛, 연둣빛 일색이라 기분까지 상쾌해진다.

발길 닿는 대로 따라 걷는 넓은 정원 내부는 구역별로 색다른
느낌을 지니고 있어 구경하는 재미가 있다. 어두컴컴한
돌다리가 나타나는가 하면, 여느 연인이 살며시 숨어들어
밀어를 속삭였을 법한 후미진 구석, 빛바랜 푸른색이 도리어
청초해 보이는 낡은 정자의 꽃무늬……
전체적으로 건물의 통일감과 조화로움을 잃지 않으면서도
공간마다 각자의 색깔을 담고 있는 것. 복숭아, 석류, 박쥐 등의
형상을 한 다양한 창틀 등은 우리나라 고택에서는
찾아볼 수 없는 모양새라 유독 시선을 끈다.

빛바랜
푸른색이
도리어
청초해 보이는
낡은 정자의
꽃무늬

아침부터 햇살이 내리쬐기 시작하지만,
아름드리 나무들이 한껏 우거진 화원 안은
고즈넉하고 청량한 분위기가 감돈다.

세월의 더께처럼 켜켜이 내려앉은 이끼 무리들이
회벽색 담장을 얼룩덜룩 물들이고 있지만, 지저분하다는
느낌보다 그마저도 고택의 분위기에 한몫한다는 느낌이 든다.
화원은 별다른 안내 없이도, 좁은 오솔길을 따라 걷다보면
구석구석 잘 돌아볼 수 있게 조성되어 있다.
간혹 텔레비전에서 보곤 했던 중국 드라마의 세트장을 그대로
옮겨놓은 듯하기도 하고, 아직도 나이 든 주인 영감님이
건물 어디엔가 살고 있을 법하기도 하고……

입구 근처에는 고택의 모양새를 그대로 살린 기념품 가게도
있어 둘러보는 재미가 있는데, 어디에서나 볼 수 있는
조야한 기념품이 아닌 기획 상품인지라 제법 괜찮다.
곳곳에 우거진 엄청난 크기의 고목들은 세월의 흐름을
그대로 담은 채 이 정원과 함께 해묵어가고 있다.

이처럼 생생한 문화유산이자 아름다운 휴식 공간이
누구에게나, 무료로 개방되어 있다니.
근방에 살고 있는 동네 주민들은 마치 자신의 정원인 양
매일같이 이곳으로 산책을 나올 수 있겠지.
그저 부럽기만 할 뿐이다.

八德泰食園

바더타이스위안

· · · · · · · · · · · · · · · · · ·

☎ 02 2964 7348 / 2961 1861
📍 2 Ln.32 Shijian St, Banqiao
District, Taipei city
🍱 台北市 板橋區 實踐路 32巷 2號
🕐 7days 11:00-14:00 / 17:30-20:00
🏠 www.8dvt.com.tw

'채식'이라는 단어를 떠올릴 때 무미건조하며
초록빛 일색에, 맛이라고는 '증발해버린' 푸석한 음식을
떠올리게 된다면, 생각을 바꿀 필요가 있다.
푸중 역 번화가에서 멀지 않은 골목 어귀에
풍성함을 선보이는 오랜 식당 하나가 있기 때문이다.
큰길에서 골목 하나만 꺾어 들어왔을 뿐인데,
사위가 조용한 한적한 동네 뒷길이 나온다. 그 끝에 이곳이 있다.
유리문을 열고 들어가면, 바로 음식 접시의 향연이 펼쳐진다.
그리 크지 않은 공간임에도 불구하고, 소규모 뷔페 형식의
음식 코너에는 김이 모락모락 올라오는 큼직한 접시들이
끊임없이 날려 나온다.

21

▲ 단품 요리에서부터 탕과 수프, 다양한 볶음
접시들은 말할 것도 없고 디저트용 떡과 과일,
퍼서 먹는 아이스크림까지…… 계절별로
바뀌는 각종 탕류는 아예 소형 가스 버너를
동반해 탁자 위에서 부글부글 끓여낸다.

▲ 매일같이 싱싱하고 풍성한 재료로
만든 다양한 요리들을 제공한다.
손이 제법 갔을 법한 요리들도 따끈하게,
푸짐하게 연이어 등장한다.

▲ 엄마가 일상적으로 만들어주는 '집밥'처럼
소박한 가정식들이 골고루 갖추어져 있다.
튀겨내고, 쪄고, 갓 볶은 요리들……
정형화된 식당 음식이 아닌, 그간
궁금했던 타이완 음식들을 고루 맛보자.

▲ 안쪽 공간은 제법 넓어, 원하는 자리에 앉아
식사를 하면 된다. 가족 단위의 손님이 많아
큰 식탁들이 많기는 하지만, 점심시간에는
혼자 오는 손님들도 적잖기에 부담이 없다.

이미 이 동네에서 잔뼈가 굵은 주인 아주머니는 단호하게
'고기류는 절대 쓰지 않아요, 그렇지만 충분하죠!'라며
시원스럽게 대꾸한다. 점심, 저녁 시간대로 나누어 뷔페를
운영하는데, 주중에는 269위안, 주말에는 299위안으로
가격이 조금 다르다. 어느 시간에 들른다 해도 푸짐함과
따스함에는 변함이 없으니, 언제고 한 번쯤 방문해
새로운 '채식 세계'를 경험해보자.

南雅夜市
난
야
예
스

· · · · · · · · · · · · · · · · ·
☎ 02 2694 7348 / 2961 1861
◉ Nanya East Rd, Banqiao District,
　Taipei city
♂ 台北市 板橋區 南雅東路
🕐 7days 16:00-24:00

저녁 해가 석양 너머로 사라질 무렵, 가볍게 요기를 하고
가벼운 발걸음으로 나선다. 야시장이 지척에 있기 때문!
좁은 골목길 양쪽으로 '짝퉁 브랜드' 옷걸이가 즐비하고,
사람들과 어깨를 부딪히며 슬렁슬렁 줄지어 걸어야만 하는
탓에 실망감을 금할 길 없어 '괜히 왔어!' 툴툴거린 것도 잠시.
큰길가가 보이기 시작하면서부터 자글자글, 익숙한 소리와
냄새가 발걸음을 이끈다.
가장 먼저 눈앞에 등장한 것은 사탕수수 구이!
불 위에서 구워내는 사탕수수 막대라니, 이런 건 또 처음이다.
살짝 구운 사탕수수는 당도가 더 달게 느껴지는데, 그
'달달함'을 십분 활용해 시원한 주스로 만든다고 한다.

1 자신이 원하는 재료들만 골라 맛볼 수 있는
합리적인 시스템. 부스 한쪽에 각 재료들의
가격을 나무판에 적어 진열해놓았기에
계산도 일사천리로 진행할 수 있다.

2 진열대에 구비되어 있는 바구니에
각자의 메뉴를 "골라 담는" 방식이
보편화되어 있다. 바구니를 건네고
기다리면 착오 없이 순서대로
재료를 조리해 건네준다.

3 주위 사람들이 골라 담은 바구니 안에
꼭 한 개씩은 들어 있기에 따라 주문한
"야터우鴨頭". 양념장을 바른 오리 머리를
즉석에서 튀겨내 조각조각 잘라주는데,
짭조름하니 야들야들해 맥주를 부르는 맛.

```
1  2
   3
```

▲ 난야 야시장에서 가장 유명하다는 '참기름'을
이용한 닭고기 요리 마요우지탕麻油鷄湯.
엄청나게 큰 솥에 마치 삼계탕처럼 닭고기를
삶아낸다. 늘어선 줄이 그야말로 어마어마해,
맛보고 싶다면 그만큼의 인내심은 필수 덕목.

▲ 야시장표 초밥은 개당 단돈 10위안.

한쪽 구역에 즐비한 옷 가게들은 그다지 흥미를 끌지 못하지만, '먹자 골목'이 등장하면서부터는 저절로 구경에 집중하게 될 것이다.

야시장이라는 곳은 대부분 활기가 넘치고 떠들썩하게 마련이지만 특히 이곳 난야 야시장은 수많은 음식 부스들이 일렬로 늘어서 있어, 하나둘 거쳐가며 흥미를 끄는 먹거리가 만들어지는 과정을 손쉽게 들여다볼 수 있어 좋다. 카메라를 들어올려도 방긋 웃어준다. 일대 주민들이 모두 나와 가가호호 밤 마실을 즐기는 듯한 소박한 모습이 인상적이다. 선택의 폭이 다양하면 다양할수록, 골라 담는 음식의 가짓수가 기하급수적으로 늘어나긴 하지만 야시장 음식답게 가격은 부담없이 저렴하니 마음껏 야시장의 매력에 빠져보아도 좋을 것이다.

상상 이상의 다양한 과일이 넘쳐나는 타이완. 각종 과일을 먹기 좋은 크기로 잘라 포장 판매하거나, 눈앞에서 곧바로 갈아내 100퍼센트 생과일 주스로 판매한다.

水果

각종 과일

西瓜汁

수박 주스

일반적으로 관광객들에게는 스린 야시장, 스다 야시장, 라오허제 야시장 등이 잘 알려져 있는데, 근래에 타이베이 시민들은 유명세로 북적이는 곳보다 알차고 내실 있는 다른 야시장들을 찾아가는 추세라 한다.

찹쌀을 기름과 간장으로 양념해 대나무 잎, 연잎 등으로 감싸 찐 것이다. 돼지고기나 닭고기, 각종 양념한 채소나 달걀노른자, 팥 등 다양한 재료를 넣어 조리한다.

花生 / 芋頭

땅콩과 토란

串儿

꼬치구이

粽子

쭝쯔

1	shuiguo	수이궈
2	xiguazhi	시과즈
3	chuanr	촬
4	zongzi	쭝쯔
5	huasheng/ yutou	화성/위터우

우리나라에서는 '능각'이라는 이름으로 불린다. 마름 나무의 열매로, 새까만 껍질이 무척 특이하지만, 맛은 의외로 담담하다. 달지 않은 삶은 밤과 같은 맛이 난다.

香腸
___
소시지

菱角
___
마름 열매

타이완의 야시장은 일종의 독특한 '문화'다.
활동을 불가능하게 만들 만큼 무더운 낮시간이 지나고 나서야
비로소 다시 한차례 시작되는, 타이완인들의 삶의 터전이자 일상의 무대.

얼핏 보아도 20~30종은 족히 넘을 것 같은 다양한 내용물들이 좌판에 진열되어 있다. 준비된 용기에 원하는 것들을 골라 담은 뒤 한꺼번에 계산하면 된다.

鱼糕
___
어묵

麗餅
___
크레페

滷味
___
루웨이

6 | xiangchang 샹창
7 | lingjiao 링자오
8 | yugao 위가오
9 | luwei 루웨이
10 | libing 리빙

龍山寺
룽산쓰 역

반난 선

룽산쓰는 타이베이 시민들의 정신적 지주와
같은 역할을 하는 유서 깊은 사원이다.
도교와 불교, 민간신앙이 고루 뒤섞여
누구에게나 넓은 포용력을 발휘하는 곳이니만큼
늘 수많은 사람들로 북적인다. 그 인파에
당황스러울 수도 있지만 이곳에선 누구나
자연스레 시민들의 생활 속으로 녹아들 수 있다.
지척에 위치한 화쓰제 시장은 관광객과 시민들
모두에게 유용한 장소이니 활기와
신심이 가득한 거리로 발걸음해보자.

룽산쓰 역 출입구는 다양한 꽃들의 향연이 펼쳐진다.
아름다운 꽃을 통해 신심을 표현하려는 사람들의 마음가
짐은 국적을 불문한다. 진홍색 꽃잎이 이채롭다.

지하철역 지하상가에서부터 이어지기 시작하는 무수한 점집,
제물과 과자를 파는 상점들, 꽃향기를 온몸에 감싼 행상들……
룽산쓰는 늘 분주하다. 그도 그럴 것이, 이곳은 제2차세계대전
당시 폭격으로 본전이 무너지는 참상을 겪었음에도 불구하고,
온전히 제 모습을 유지한 관세음보살상이 자리했을 뿐 아니라
다양한 토착신들을 함께 모시는 유서 깊은 사원이기 때문이다.
허벅지까지 올라오는 긴 부츠에 미니스커트를 입은,
젊디젊은 아가씨에서부터 손녀를 업은 채 끊임없이
경을 읊는 할머니까지. 타이베이 시민들은 기쁠 때나 슬플 때나
한결같이 이곳을 찾는다.

북적거리는 방문객과 사원 곳곳에 바쳐진 엄청난 제물들에 먼저 시선을 빼앗기게 되지만, 구석구석 살피다 보면 역사의 흔적을 담고 있는 곳이 많다.

이곳저곳 다양한 사원들이 즐비한 타이완에서,
룽산쓰는 유달리 어마어마하다거나 단박에 눈을 사로잡는
화려한 위용을 뽐내는 사원은 아니다. 그러나 아침부터
밤 늦은 시간까지 끊임없이 이곳을 오가는 타이베이 시민들의
분주한 발걸음을 보면 이곳이 그들에게 얼마나 중요하며
신임 받는 장소인지를 절로 알게 된다.
특히나 명절 때는 그야말로 발 디딜 틈조차 없어서,
인파에 휩쓸려 지붕 꼭대기만 간신히 보고
돌아나오게 되는 경우도 있다. 그만큼 룽산쓰는,
시민들의 사랑과 함께 장구한 역사를 일구어왔다.

그저 '주홍색'이라고만 말하기 어려운 오묘한 색감의 기와가
수려한 지붕을 이루고 봉황과 용을 표현한 섬세한 조형물들이
위용을 뽐내지만, 해가 다 지고 난 뒤 늦은 밤에 찾아가는
룽산쓰 역시 또하나의 볼거리다.
어두운 경내를 사방에서 밝히는 금박 장식들과 무수히
타오르는 빨간 초들. 어디선가 딸깍이는 소리가 들려온다.
쌍을 이루는 반달 모양의 나무 조각은 각기 뒤집어지는 모양에
따라 당사자의 점괘를 짚어주는 역할을 한다. 조용한 경내에
딸깍딸깍, 사람들의 염원과 기원을 담은 소리가 맑게 울려퍼진다.

경내를
사방에서
밝히는
금박 장식들과
무수히
타오르는
빨간 초들

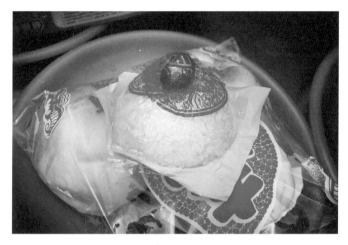

정갈하게 포장된 쌀과 화사하게 물든 떡, 각종 과자와
과일들로 큼직한 제단은 늘 가득 찬다.

룽산쓰 바로 뒤쪽으로는 개화기 이전, 목재 수입이 활발히
이루어지던 무역 지구의 옛 거리를 그대로 재현해놓은 '보피랴오剝皮寮
옛날 거리'가 자리하고 있다. 일렬로 끝없이 늘어선 중후한 색감의
문짝들로 인해 잠시나마 다른 시대의 거리를 걷고 있는 듯한 기분이 든다.
이제는 흘러간 고전 영화 속에서나 간간이 찾아볼 수 있는 모습이기에,
그리 길지 않은 길이지만 아련한 추억에 젖어든다.

경내는
낮이고 밤이고
간절함을 담은
염원과
소망으로
가득 차 있다.

258
▶▶

三六圓之店
싼류위안즈뎬

··················
☎ 02 2306 3765
📍 92 Sanshui St, Wanhua District,
   Taipei city
⌖ 台北市 萬華區 三水街 92號
🕐 7days 8:30-21:30

본래 근방에서 알 사람은 다 안다는 유명한 떡집이다.

찰진 떡 안에 커스터드 같은 노란색 달콤한 앙금이 들어 있는

'황금찰떡黃金麻糬'으로 유명세를 탄 지 오래다.

백발이 성성한 어르신들이 작은 가게 안에서

뜨끈한 단팥죽과 찰떡으로 요기를 한 뒤, 룽산쓰로

발걸음하는 모습을 볼 수 있다.

모든 메뉴는 40~50위안 정도로, 한 그릇 달콤함을 만끽하기에

전혀 부담이 되지 않는다. 원하는 토핑을 골라넣은 '탕'을

먹어도 좋고 진열된 떡 중에서 이것저것을 골라 사가도 좋다.

우리 입맛에 잘 맞지 않는 생소한 향의 채소가 들어 있는

떡도 종종 있으니, 안전하게 탕 쪽을 선택하도록 하자.

▲ 오래된 가게이니만큼 음식을 내어주는
도구들도 예스럽고 정겹다. 손으로 빙빙
돌려 얼음을 갈아내는 옛날식 빙수 기계.
경쾌한 소리를 내며, 얼음 한 그릇이
우수수 쏟아져나온다.

▲ 꿀 토란탕과 황금찰떡이 간판 메뉴지만,
더운 날씨에는 이렇게 빙수로 먹는 것도 제
격. 알알이 살아 있는 팥과 입안을 꽉 채우며
부드럽게 넘어가는 달콤한 토란 덩어리는
우리나라에서는 찾기 힘드니 한번 맛보자.

▲ 협소한 탁자들 몇 개가 전부이지만 잠시
쉬었다 가기에는 문제 없다. 차게도,
따뜻하게도 즐길 수 있는 각종 메뉴들.
차가운 것은 '렁冷더' 뜨거운 것은 '러熱더'
라고 말하면 된다.

▲ 원하는 토핑은 손가락으로 가리키기만
하면 되니, 말이 전혀 통하지 않아도
문제없다. 가게 벽면에 다양한 메뉴 사진이
큼직하게 붙어 있어 알아보기도 쉽다.

華西街觀光夜市
화쓰제관광예스

· · · · · · · · · · · · · · · · · ·
☎ 02 2388 1818
📍 Huaxi St, Wanhua District,
Taipei city
🕐 台北市 萬華區 華西街
🕐 7days 10:00-24:00

룽산쓰 정문에서 몇 발자국만 걸어 인파가 북적이는 곳으로
향하면 그곳이 바로 화쓰제이다. '뱀과 각종 보신 재료들을
구경할 수 있는 시장'이라고 소개된 경우도 간혹 있으나,
이제는 비교적 평범한 시민들의 동네 장터로 변화했다.
특히나 화쓰제에는 유독 싱싱한 해산물들을
진열해놓고 즉석에서 조리해주는 먹거리 부스가
심심치 않게 보인다. 알이 굵고 싱싱해 보이는 굴을
얼음 덩어리 위에 산처럼 잔뜩 쌓아놓은 모습을 보면
아마도 그냥 지나치기는 힘들 것이다. 굴뿐이랴,
오동통한 새우와 아가미가 선명한 각종 생선들, 부위별로
가지런히 쌓아올려둔 돼지고기의 향연이 펼쳐진다.

▲ '어두육미'라 했던가. 큼직한 생선 대가리를
  호쾌하게 한 그릇씩 툭툭 나눠 넣은
  뜨거운 생선 탕도 별미다. 별다른 양념을
  가미하지 않아 국물 맛이 개운하다.

▲ 다양한 해산물들이 어둠 속에서도 싱싱함을
  자랑한다. 굴을 주문하면, 일정량을 달걀과
  함께 바로 부쳐내 고소하게 맛볼 수 있다.
  '오아첸蚵仔煎'이라고 말하면 된다.

▲ '이건 도대체 뭘까?' 웬만한 시장 메뉴는
  섭렵했다고 자신하건만, 이것만큼은 영
  눈에 설은 터라 결국 주인 아저씨의
  손짓 발짓을 통해 알아내고야 말았다.
  돼지 '꼬리'에 양념을 더해 삶아낸 것!

▲ 우리나라의 족발 골목을 연상시키는 풍경.
  큰 솥마다 김이 펄펄 끓어오르고 짭짤한
  냄새를 풍기며 코를 자극한다.

1 끈적거리는 손에 신경쓸 필요 없도록
 먹기 좋게 손질해놓은 다양한 과일들은
 한 팩에 보통 40~50위안 정도다.
 그 자리에서 바로 썰어 담아주는 가게도
 있지만 어느 모로 보나 싱싱하다.

2 고수를 곁들인 땅콩 가루를 그야말로
 '듬뿍듬뿍' 발라주니 정작 순대의 맛은
 잘 느껴지지 않을 정도. 그러나 오물오물
 씹다보면, 쫀득하고 고소한 맛이 꽤 별미다.

3 여러 차례 지나쳐가면서 궁금했던 맛!
 기어이 맛보고야 만다. 이름을 번역하면
 '돼지피 떡'. 이름만 들어서는 괴이쩍지만,
 막상 맛을 보면 딱 '조금 단단한 순대' 맛이다.
 유명 연예인도 다녀갔다는 인증샷까지.

▲ 톡 쏘는 향이 거슬리기 일쑤인 고수를
 잔뜩 묻혀주었음에도 불구하고
 순대의 맛과 잘 어우러져
 독특한 풍미를 완성한다.

겉모습만 보아서는 어떤 고기인지도 알아채기 어려운
알쏭달쏭한 모양새의 각종 부위가 한꺼번에 모여 있어
볼거리를 자아낸다.

다른 곳 아닌 '사원' 바로 앞에 흥청망청, 지지고 볶는
냄새가 가득한 대형 시장의 존재란 어떻게 보면
생소한 풍경이다. 하지만 '종교'라는 관념적인
생각보다는 일상과 함께 기능하는 사원의 역할에 익숙한
타이베이 시민들에게는 양쪽 모두 지극히 자연스러운
삶의 터전 중 하나일 것이다.
야시장은 늘 북적대지만 결코 소란스럽지 않고,
풍성함이 가득하나 지저분한 기색은 찾아보기 어려운 곳.
모두 오랜 세월, 더불어 살아오면서 함께 만들어온
타이베이의 문화다.

빙수 속 열전

THREE TAIWAN

빙수에는 여러 종류의 토핑이 들어간다. 그중에는 우리나라에서 보기
힘든 몇 가지 생소한 재료들이 있어 그 맛을 궁금하게 한다. 자극적이기
보다 담백하고 깔끔한 맛이라 부담없이 좋은 재료들이다.

위위안
芋圓

찹쌀가루에 고구마, 토란, 호박
등의 재료를 넣어 함께 반죽해
동그란 모양으로 빚어낸 것이다.
빙수나 따뜻한 탕 혹은 차가운
탕에 넣어 쫄깃한 맛을 더한다.

렌쯔
蓮子

연밥에서 얻을 수 있는 연꽃 열
매이다. 부드러운 식감에 밤처럼
담담하면서도 고소한 맛이 나 부
담이 없다. 심신의 안정을 돕는
건강에도 좋은 식품이다.

사오샨차오
烧仙草

푸딩 같은 식감의 젤리. 고사리과
식물로 만든 것이다. 허브 향이
조금 느껴지지만 그리 진한 편은
아니니 안심해도 좋다. 크게 달지
않고, 시원하게 먹으면 맛있다.

만두 열전

시장에서든 식당에서든 다양한 형태의 만두들이 제각기 다른 맛을 뽐낸다. 우리에게도 무척이나 친숙한 맛과 향이 있는가 하면, 간혹 색다른 모양새로 오가는 이들을 궁금하게 만드는 만두의 변주.

만터우
饅頭

성젠바오
生煎包

자오쯔
餃子

만터우는 만두라기보다는 오히려 '빵'의 개념에 더 가깝다. 속에 아무것도 들어있지 않기 때문. 심심한 맛이라, 다른 음식에 곁들여 먹거나 색을 물들인다.

한입 크기로 빚은 왕만두를 기름 두른 넓은 철판에서 지져내 전혀 다른 맛으로 변모시켰다. 바삭한 식감에 풍부한 맛으로 시민들의 많은 사랑을 받는다.

일반적으로 우리가 가리키는 '만두'의 개념에 가장 가까운 만두. 수없이 다양한 종류가 있지만 게살이나 새우 살, 혹은 채소만 넣어 만든 독특한 자오쯔를 맛보자.

西門

시먼 역

○
반난 선

타이베이는 어둠이 내리면 더욱 빛나는 도시다.
그중에서도 쇼핑과 오락거리, 식도락과
청춘의 열기가 가득한 시먼 역 일대는
밤이면 찾지 않을 수 없는
대표적인 번화가. 거리를 가득 메운
네온사인들이 눈부시게 빛을 발하지만,
조금만 한갓진 곳으로 걸음을 옮겨보면
빛바랜 추억들이 묻어나는 고즈넉한 장소들이
자리를 지키고 있으니, 늘 새롭게
방문자들을 일깨우는 곳이다.

랜드마크 시먼훙러우. 전통 연극 및 만담 등이 이루어
지던 공연장이었다가, 영화관이었던 과거의 모습을 거
쳐 이제는 시민들의 복합문화공간으로 거듭난 곳이다.

시민 역은 '젊은이'들의 활기가 넘치는 거리이다.
지하철역 출구를 나서자마자 눈앞에 나타나는
붉은 옛날식 팔각형 건물이 이 거리의 정체성을
대변해주는 듯하지만, 밤이면 거리를 환히 밝히는
네온사인과 초대형 영화관 간판이 휘황하게 빛을 발한다.
골목골목마다 각종 엔터테인먼트를 즐기려는 학생들과
연인들의 들뜬 목소리, 타이완의 거리마다 하나씩은 꼭 있는
테이크아웃 버블티 가게가 문전성시를 이루는 곳.
주말이면 광장에서 작지만 알찬, 벼룩시장이 열리는
그곳으로 꼭 한번 발걸음을 해보자.

시먼훙러우는 사방팔방에서 사람들이 모여들기를 염
원하는 의미에서 8꽤 형상으로 지어졌다. 지니고 있
는 속뜻답게, 거리는 낮이고 밤이고 인파로 북적댄다.

하얀색 고깔 모양의 천막이 **빽빽**하게 광장을 채우는
벼룩시장은 정오께부터 활기를 띠기 시작해,
어둠이 내린 뒤까지 줄곧 이어진다.
대학생쯤 되어 보이는 앳된 아가씨 하나가 상기된 얼굴로
무지갯빛 비누들을 좌판에 올려놓는가 하면, 해골 모양의
양초를 잔뜩 가져온 뿔테 안경을 쓴 청년은 이미 정리를 마치고
구석진 곳에서 컵라면 한 그릇을 후루룩 들이켜고 있다.
어쩐지 꽤나 익숙한 풍경이라 생각하며 천막 사이를 유영하듯
둘러보니, 수제 귀걸이며 팔찌며 손으로 정성들여 만든
느낌이 역력한 게 딱 '홍대 필feel' 그대로다.

향수마저 불러일으키는 옛날식 건물, '시먼홍러우西門紅樓'
또한 굉장한 별천지다. 오랜 시간을 거쳐온 건물은 층별로
잘 나뉘어 있다. 2층은 비정기 공연을 위한 무대로 사용하고,
아래층에는 '16 공방'이라는 일종의 입주 공간을 조성해
젊은 아티스트들의 작업실 겸 상품 판매소로서의 역할을
겸하게 했다. 곳곳에 서 있는 귀여운 조형물들이
관람객의 카메라 세례를 유도하고,
기존 상품들과 차별화를 꾀한 아이디어 제품들은
구경꾼의 시선을 붙잡아 시간 가는 줄 모르게 만든다.

기존 상품들과
차별화를
꾀한
아이디어
제품들

골조를 실내 인테리어 요소로 활용한 시먼흥러우 내부의 모습. 평일 저녁에도 제법 많은 사람들이 오간다.

상점에 진열된 제품들은 독창성과 핸드메이드를
표방하는 물건들답게 저렴한 편은 아니지만,
특유의 손맛이나 복고 느낌을 살린 유쾌한 이미지 등이
실용성 위주로 제품화되어 있어 흥미롭다.
아직 명성을 얻지 못한 젊은 작가들은 이곳에서부터
꿈을 키워나가고 있다. 우리는 그로 인해
세상에 하나뿐인, 누군가의 작은 꿈이 갈무리된
창작 공간을 이곳에서 잠시나마 경험할 수 있다.
조금 더 산책하는 기분으로 두 블럭 남짓 걸어가면
대형마트 '까르푸'가 크게 자리잡고 있어
주머니가 가벼운 여행자들의 편의를 돕는다.

▲ 다양한 색깔을 가진 공방들이 입주해 있다.
크리에이티브한 공간뿐 아니라 개·보수를
거친 찻집, 레스토랑, 전시장 등도 같은 층에
위치해 있으니 여유를 가지고 둘러보자.

▲ 아기자기함을 사랑하는 타이완 사람들답게,
깜찍한 모습으로 자리를 지키고 있는 각종
캐릭터 조형물들의 매력에 빠져 다들
기념사진을 찍느라 여념이 없다.

▲ 2002년에 전면적으로 보수한 건물이지만
이전의 고색창연한 분위기를 아주
지워버리지는 않은 듯하다. 일본풍의
레트로한 광고 일러스트들이 재미난
분위기를 만들어낸다.

▲ 물건을 판매하는 곳일 뿐만 아니라
공간 자체가 그들의 '작업실'이기도 하다.
정부가 나서서 영세한 아티스트들을
지원해주는 제도는 어디에서나 유용하다.

아종면샨

阿宗麵線

| Ay-chung Flour Rice Noodle

☎ 02 2388 8808
📍 8-1 Emei St, Wanhua District, Taipei city
🕙 台北市 萬華區 峨眉街 8-1號
🕚 7days 11:00-22:30

이 가게를 찾아가는 일은 그야말로 '누워서 떡 먹기'이다.
골목에 들어서자마자 기다랗게 줄을 선 사람들을
볼 수 있을 테니까. 어느 시간대에 찾더라도 상황은
대부분 비슷하니 이곳을 찾아갈 땐 그 대열에 합류할 각오를
미리 하고 갈 것. 메뉴를 고르느라 고민할 필요가
없는 곳이라 줄은 금방금방 줄어드니 다행이다.
모두들 같은 모습으로 서서, 같은 그릇을 들고
후루룩대는 장관을 매일같이 연출하는 이곳은
일명 '곱창 국수'로 유명세를 탄 시먼 역 제일의 맛집.
메뉴는 단 하나, 그릇의 크기만 선택해 값을 치르고
제 몫의 녹색 그릇을 하나 받아들면 끝!

📍 쉽게 찾아가기!

시먼 역 6번 출구로 나가면 번
화한 한중제漢中街가 바로 보
인다. 이 길로 들어가 왼쪽에
소니Sony 건물이 보이면 우회
전해서 걷는다. 길 오른쪽에 위
치해 있다.

▲ 엄청나게 큼지막한 솥 곁에서 쉴 새 없이
국자를 휘저으며 면을 끓여내는 종업원의
이마로부터 땀이 솥으로 떨어지지는 않을까,
슬며시 걱정이……

▲ '진해 보이는' 겉모습과는 달리 담백하고
깔끔한 맛이다. 국물이 걸쭉한 편이라
숟가락으로 떠먹기에도 무리는 없다.
고수의 향이 잡내를 잡아주기 때문에
거부감 없이 훌훌 먹을 수 있다.

▲ 일회용 숟가락 하나를 챙겨주는데,
국물 맛이 좋기는 하지만 훌훌 입 속으로
국수를 흘려넣다보면 젓가락이 간절해진다.
가게 한쪽에 매운 맛 소스가 2종 구비되어
있어 취향대로 넣어 먹으면 된다.

▲ 아기에서부터 어르신까지, 누구나
예외 없이 가게 한편에 자리를 잡고 서서
후루룩후루룩 노랫가락 같은 소리를 낸다.

鴨肉扁
야리우볜

· · · · · · · · · · · · · · ·

☎ 02 2371 3918
📍 98-2 Sec.1 Zhonghua Rd, Wanhua
District, Taipei city
🕐 台北市 萬華區 中華路一段 98-2號
🕐 7days 9:30-22:30

이름은 '오리고기 집'인데 특이하게도 거위 고기를 판다.
무슨 상관이랴, 야들야들, 적절히 간이 밴 부드러운 고기가
이리도 맛난데 말이다. 슬리퍼 신고 러닝셔츠만 걸친 동네
아저씨, 하굣길인 듯 책가방을 그대로 멘 채 들른 학생들의
모습이 심심찮게 보이는 걸 보니 '동네 맛집'이 맞는 듯하다.
나이 지긋한 조리사 아저씨는 묵묵히 고기를 척척 썰어내고,
활달한 아르바이트생 서너 명이 주문을 받는다.
보랏빛 유니폼을 갖춰 입은 종업원들은 활기차 보이고,
외부로 활짝 오픈되어 있는 주방은 정신 없어 보일지도
모르겠지만, 깔끔하게 운영되고 있는 것이 한눈에 보여
믿음이 가는 맛집이다.

▲ 먹음직스럽게 조리된 거위 고기만 단품으로
주문할 수 있지만, 이곳의 '착한 메뉴'는
종일 끓여내 진득하게 우려난 고깃국에
말아내는 국수다. 얇게 썰어 편육처럼 몇 점
올려주는 거위 고기는 추가도 가능하지만,
국물이 워낙 구수해 그냥 먹어도 맛있다.

▲ 실처럼 가는 면발의 국수를 사용한다.
주문이 들어가는 즉시 데쳐낸 면발을
한 차례 토렴한 후, 뜨끈하게
국물을 부어서 내어준다.

▲ 시먼 역 지하철 출구에서 조금 떨어진,
큰길가에 면해 있어 접근성도 좋다.
늦은 저녁 시간까지 영업을 하니,
하루 관광을 마치고 돌아오는 길에
출출함을 달래기에 그만인 고마운 곳.

▲ 거위 고기 단품은 한 마리/반 마리 단위로
주문할 수 있으며, 포장해 갈 수도 있다.
보통 한 가족이 와서 한 마리를 주문한 후,
국수 한 그릇씩을 비운다.

아스토리아 **Astoria**

| Astoria

- ☎ 02 2381 5589
- ⚲ 5 Sec.1 Wuchang St, Zhongzheng District, Taipei city
- ⌖ 台北市 中正區 武昌街一段 5號 2樓
- ⏲ 7days 10:00-22:00
- ⌂ www.astoria.com.tw

유별나게 돋보이는 어떤 특징이 있지 않더라도 오랜 시간의 기억과 추억이 꾸준히 물들면, 그곳은 특별한 장소로 거듭난다. '아스토리아Astoria'라는 -육중한 호텔 분위기의- 고풍스러운 이름답게 오래된 '경양식집' 분위기를 풍기는 이 커피숍처럼. 고전적인 분위기이지만 종업원들은 영어로 자연스럽게 주문을 소화한다. 이곳만의 특제 '러시아풍 과자'가 있다기에 주문해보았다. 마시멜로와 비슷해 보이지만, 한입 베어 무니 솜사탕보다 더 부드러운 촉감이 일품이다. 안에 든 바삭한 호두 또한 미처 씹기도 전에 가볍게 부서져 신기할 따름이다. 주인의 추억이 깃들어 있다는 폭신한 과자 한 조각 그리고 안온한 분위기.

◉ 쉽게 찾아가기!

시먼 역 5번 출구로 나가 길을 따라 걷다가 우측에 우창제武昌街가 나오면 그 길을 따라 쭉 걷는다. 두 블록 지나 왼쪽에 위치해 있다. 아케이드 거리 상가 2층이다.

53

▲ 이런 가게는 나이 지긋한 어르신들의
추억의 장소가 아닐까 싶지만, 젊음의 거리
시먼 역 근처에는 과거 모습을 그대로
간직한 채 운영해온 오래된 가게들이
의외로 많다.

▲ 아메리카노 한 잔과 함께 주문한 과자 세트는
가격에 비해 부실해 다소 실망스러웠다.
하지만 가게의 간판 메뉴라는 러시아 과자의
독보적인 식감과 맛에 반해 서운한 마음은
금세 가셨다. 커피는 무료 리필이 한 번
가능하다.

▲ 문인들이 오랜 시간 앉아 자유로이 글을
쓸 수 있도록 배려해주었다는 주인장.
한때 '지성의 공간'으로서 기능했던
멋진 곳이라고. 진열장에 가득한 러시아
전통 인형 마트료시카가 과거의 향수를
어렴풋이 간직하고 있는 듯하다.

▲ 좁은 계산대 옆에서는 '러시아풍 과자'를
선물용으로도 판매하고 있다. 식감이 독특해
다른 곳에서는 맛보기 힘든 과자인지라
한 상자 구입했다. 가격은 180위안.

京滬酒釀餅

징후주냥빙

....

☎ 0913 113 959
📍 48 Sec.1 Chongqing South Rd,
　 Zhongzheng District, Taipei city
🕐 台北市 中正區 重慶南路一段 48號
🕐 7days 12:00-19:00

인테리어도 멋들어지고, 음식도 기가 막히게 맛있는
식당에서의 식사가 여행길의 한 자락 기쁨이 될 수도 있지만,
별것 아닌데도 마치 할머니의 담담한 손맛처럼 문득 생각나는
음식도 여행의 기쁨이 된다. '주냥빙'은 길거리 음식이지만,
맛이나 존재감이 뛰어나 꼭 먹어볼 만한 음식이다.
징후주냥빙에서는 뚝뚝한 표정에 웃음기 없는 자그마한
아주머니가 길을 오가는 사람들 사이에서 묵묵히 빵을 굽고

있는데, 일부러 찾아와 열 개 스무 개씩 한꺼번에 사 가는
손님들도 있다고 하니 분명 이곳만의 매력이 존재하는 것!
한 차례 발효시킨 특유의 반죽을 자그마한 화덕에서 바로바로
구워내는 주냥빙에는 무언가 말할 수 없이 아련한 맛이 있다.

▲ 구워지기 전 단계의 주냥빙 반죽은
매우 찰지고, 눈부실 만큼 새하얀 빛깔을
띤다. 화덕에서부터 솔솔 풍겨오는
옅은 막걸리 향이 주변의 공기를 덥힌다.
한 김 식어도 감칠맛 난다.

▲ 오리지널(소가 들어 있지 않은 것), 녹두 앙금,
팥 앙금, 검은깨 등 모두 다섯 가지 맛이 있다.
가장 인기가 많은 건 '위안웨이原味 –오리지널
맛을 이렇게 발음한다–'라고 하는데,
팥소가 들어간 빵도 무척이나 인기가 많았다.

▲ 따끈한 온기를 품고 있는 빵이 식지 않도록
늘 깨끗한 면포를 덮어두었다가 빵을
꺼내준다. 화덕에서 나오자마자 금세
팔려버리고 새 빵을 굽기 때문에, 다 식은
빵을 먹지는 않을까 걱정할 필요는 없다.

▲ 구워둔 빵이 다 팔리고 나면, 큼직한
덩어리를 떼어내 반죽하고,
소를 채워넣고, 화덕에 넣어 이내
새 빵을 구워내는 아주머니의 투박한 손.

펑
다
카
페
이

蜂
大
咖
啡

| Fongda Cafe

☎ 02 2371 9577
📍 42 Chengdu Rd, Wanhua District,
Taipei city
🕐 台北市 萬華區 成都路 42號
🕗 7days 8:00-22:00
🏠 www.fongda.com.tw

한눈에 보아도 참 오래된 곳 같다. 이 번화한 거리에
세월의 무게를 간직한 '빈티지한' 가게들이 심심치 않게
있어 무척이나 반갑다. 좁은 입구에 비해 내부는 꽤 널찍한 편.
탁자마다 놓인 스테인리스 설탕 통과 '코팅'된 메뉴판이
프랜차이즈 커피숍에 익숙해진 눈에 자못 낯설게 들어온다.
커피를 주문하면 나이 지긋한 '아주머니'들이 사이펀 같은
추출기를 사용해 손으로 직접 커피를 내려준다.
커피 맛도 나쁘지 않은 편이다. 알맞은 온도에 적당한 쓴맛.
저녁 무렵 슬쩍 들르면, 단골손님들과 삼삼오오 모여 앉아
이야기꽃을 피우는 아주머니들의 모습을 볼 수 있을 것이다.
동네 '사랑방' 역할을 충실히 이행하는 정겨운 가게, 맞다.

▲ 보글보글 끓어오르는 커피 가루의 모습.
빨간 앞치마의 아주머니들은 절대
서두르지 않고 느긋하게 주문 받은
커피를 집중해서 내려준다.

▲ 가게 한쪽에는 각종 과자 용기가 즐비하다.
우리에게 익숙한 서양식 디저트나 패스트리류
대신, 두툼한 타이완표 전통 과자를
판매하는 모습이 이채로우면서도 반갑다.

▲ 로스팅까지 가게 안에서 직접 담당하고
있을 뿐만 아니라 각종 커피 관련 도구들도
없는 게 없을 정도. 꽤나 오래되어 보이는
수동형 그라인더에서부터 드리퍼까지,
필요한 기구가 있다면 한번 찾아보자.

▲ 오전 이른 시간에는 '브랙퍼스트 메뉴'를!
아메리카노 한 잔에, 가볍게 구워낸 식빵과
달걀프라이를 무려 두 개씩이나.
이 모든 음식이 단돈 50위안이니, 어찌
펑다카페이에 들르지 않을 수 있으랴.

忠孝
新生

善導寺
산다오쓰 역

○
반난 선

台北
車站

산다오쓰 역은 언제나, 아주 이른 아침에
찾아가게 된다. 타이베이 시민이라면 누구나
한 번쯤은 들어봤을 이름, 유명한 식당 하나가
시민들뿐 아니라 관광객의 발길마저 잡아끌기
때문이다. 뿐만 아니라, 재단장을 마친
'화산 1914'가 위용을 드러낸 이후로,
그냥 지나칠 수 없는 관광 명소가 되었다.
조금 이른 기상 시간, 출출한 배를 부여잡고
이곳을 기점으로 오늘의 여정을 시작해보자.

역에서부터 도로를 따라 조금만 걸어가면 금세 시선을
잡아끄는 회색빛 건물 지붕이 보인다. 시대의 흐름을
비껴간 듯한 레트로한 분위기가 느껴진다.

이미 그 쓸모를 상실해버린 '죽은' 공간에 새로운 생명을
부여한다는 것이 말처럼 쉬운 일은 아니다.
물리적으로 성공적인 개조가 이루어진다 해도, 그 공간이
생명력을 얻어 지속적으로 활성화되어야 한다는 의미에서다.
그런 맥락에서, 화산1914문화창의산업원구華山1914文化創意産業園區
이른바 '화산 1914' 지역의 부흥은 가치 있는 리노베이션의
좋은 본보기가 되어줄지 모른다. 한때 낡은 공장이었던
버려진 건물은 대대적으로 새 단장을 마친 후, 문화 지구로
기획되어 대규모의 특별 전시나 페스티벌, 음악회를 개최하는 등,
자생적인 공간으로 거듭나고 있다.

과거 양조장이었던 건물의 모습을 살려내어 새로운 공간으로 탈바꿈시킨 화산1914. 정식 명칭은 화산1914 문화창의산업원구이다.

예스러운 정취를 일으키는 빨간 벽돌 건물들과
야외의 녹색 잔디가 눈부시게 어우러지는 공간.
끊임없이 각종 전시가 기획되는 이곳은 잘 가꿔진
잔디밭 사이로 유모차를 밀며 산책하는 가족의
여유로운 모습을 볼 수 있는 공간이 되었다.
넓은 공장 부지를 최대한 활용해 각 공간을 구획한 뒤
목적에 맞게 전시장, 서점 등으로 활용하는 방식을 택한 것.
조용한 카페에서 오후를 즐기거나, 유명 감독들의 DVD 목록을
둘러볼 수 있다. 저렴한 가격에 이용할 수 있는 뷔페식 식당이
운영되는 공간도 있으니 느긋하게 구경에 나서본다.

구석구석 둘러볼 곳이 참으로 많다!
입구 바로 옆에 자리잡고 있는 인포메이션 센터에는
안내서가 비치되어 있어 살펴볼 수 있다.
타이베이 시에서 벌어지고 있는 각종 문화 행사에 관한
정보는 물론, 화산1914의 내부 구조를 한눈에 보여주는
지도까지 손쉽게 얻을 수 있는 것이다.
나무틀로 만들어진 창문과 눅눅하고 두터운 콘크리트 벽은
이제 더이상 예전처럼 흉물스러운 존재가 아니라,
과거 분위기를 그럴듯하게 살리는 역할을 하고 있다.

구석구석
둘러볼 곳이
참으로
많다!

1 전시장만큼 '쿨한' 장식을 자랑하는
　레스토랑도 있으니 취향에 따라 방문하면
　된다. 샌드위치나 버거 세트, 파스타 등
　브런치 메뉴들이 고루 갖춰져 있다.
　단, 가격대는 높은 편이다.

2 건물 내부에 다양한 레스토랑들이
　입점해 있어 방문객들의 편의를 돕는다.
　소박한 간식거리는 없지만, 야외 공간에
　신선한 우유로 만드는 아이스크림 가게가
　있어 출출할 때 가볍게 맛보기 좋다.

3 화산 1914 내부에 입점해 있는 상점들은
　대부분 오전 11시 이후로 영업을 시작하니,
　굳이 너무 이른 시간부터 이곳을
　방문할 필요는 없다.

▲ 인포메이션 센터 안에는 간단한 짐을 보관할
　수 있는 로커도 구비되어 있다. 독창성을
　표방한 공간답게 로커에도 디자인 요소를
　가미해 톡톡 튀는 느낌을 연출했다. 이곳의
　정체성은 작은 것에서부터 드러난다.

넓은 공간을 마음껏 활용할 수 있다는 점이 이곳의 커
다란 장점이다. 지역 원주민들이 생산한 수공예품을
전문으로 판매하는 상점이 입주해 있다.

'로컬 문화의 재조명'이라는 테마는 어느 곳에서나 이슈인지,
지역 원주민들의 수공예품 혹은 예술 작품들을 한곳에 모아
전시하고 있는 공간이 유독 눈에 들어온다.
안뜰을 가로질러 조금 더 안쪽으로 들어가보면
육합원六合院이라는 이름의 붉은 벽돌 건물이 나오는데,
이 건물에는 호평을 얻고 있는 VVG 계열의 레스토랑이
위치하고 있다. 더구나 2층으로 이어지는 가게는 벽돌 건물의
매력을 최대한으로 활용했는데, 그 분위기가 또 그만이다.
낡은 술 창고에서 이제는 타이베이 최고의 문화공간으로
거듭난, 아니 '새롭게 다시 태어난' 이곳 화산 1914를
꼭 방문해야 할 이유가 하나 더 생긴 셈이다.

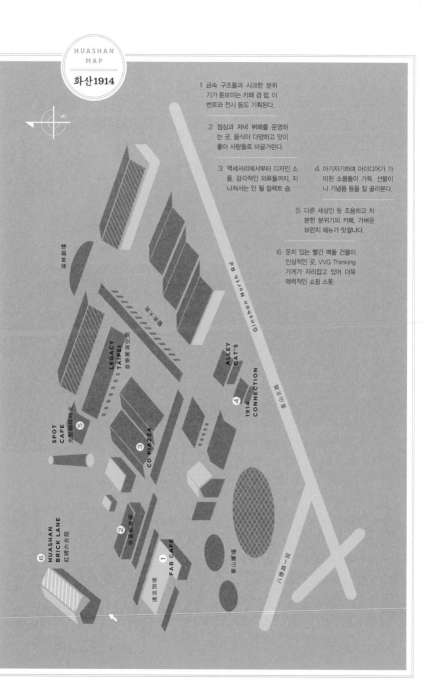

HUASHAN
MAP

화산1914

1 금속 구조물과 시크한 분위기가 돋보이는 카페 겸 펍. 이벤트와 전시 등도 기획된다.

2 점심과 저녁 뷔페를 운영하는 곳. 음식이 다양하고 맛이 좋아 사람들로 바글거린다.

3 액세서리에서부터 디자인 소품, 감각적인 의류들까지 지나쳐서는 안 될 컬렉트 숍.

4 아기자기하며 아이디어가 가미된 소품들이 가득. 선물이나 기념품 등을 잘 골라본다.

5 다른 세상인 듯 조용하고 차분한 분위기의 카페. 가벼운 브런치 메뉴가 맛깔나다.

6 운치 있는 빨간 벽돌 건물이 인상적인 곳. VVG Thinking 가게가 자리잡고 있어 더욱 매력적인 쇼핑 스폿.

森林劇場

藝文中心

Ginshan North Rd

LEGACY TAIPEI
音樂展演空間

ALLEY CAT'S

中三北路

SPOT CAFE
光點睛華映院

④ 1914 CONNECTION

③ CD PIAZZA

② 青葉新樂園

⑤

八德第一段

⑥ HUASHAN BRICK LANE
紅磚六合院

① FAB CAFE

遠流別境

華山實場

光點咖啡時光 **Spot Cafe Lumière**

광뎬카페이스광 (카페 뤼미에르)

| SPOT Cafe Lumière

☎ 02 2394 0670
📍 1 Sec.1 Bade Rd, Zhongzheng
District, Taipei city
📅 台北市 中正區 八德路一段 1號
🕐 7days 11:00-23:00

화산1914 내부를 구석구석 돌아보다가,

문득 들어와 한없이 쉬어가고 싶은 곳이다.

새하얀 벽과 천장, 나무로 된 긴 탁자 위에 자그마하게

가꾼 선인장 화분들, 영화 포스터만으로 연출한

차분한 분위기가 매력적인 곳.

활기차고 에너지가 넘치는 주위 공간과는 달리,

조용한 분위기에 걸맞는 잔잔한 음악 선곡이 좋다.

점심식사 메뉴로 서너 종의 샌드위치를 주문할 수 있다.

음식이 나오기까지 시간이 조금 오래 걸리지만

쫄깃하고 따스하게 구워진 블루베리 베이글에

무척이나 신선한 채소들로 속이 꽉 차 있어 감탄해버렸다.

▲ 예술성을 한껏 발휘한 아티스트의 작품.
　홍보뿐 아니라 판매 역시 겸하고 있지만,
　'작품'이니만큼 가격대가 엄청난 편.

▲ 카페 뤼미에르에는 특유의 분위기가 감돈다.
　타이베이 필름하우스에 자리잡은 다른
　지점에서도 잔잔한 여유로움이 느껴졌는데,
　이곳 역시 크게 다르지 않다.

▲ 단출한 액자 속, 흑백의 영화 사진만으로
　정갈한 분위기를 낸 실내가 돋보인다.
　창을 통해 볕도 적당히 들어와 전체적으로
　차분한 카페의 분위기가 그만이다.

▲ 간단한 점심식사 메뉴가 구비되어 있다.
　단 두 명의 종업원이 정성스레 만드는지라
　시간이 다소 오래 걸리는 편이지만
　깔끔한 맛에 반하게 된다.

阜抗豆漿
푸캉더우장

....
☎ 02 2392 2715
📍 2F 108 Sec.1 Zhongxiao East Rd,
   Zhongzheng District, Taipei city
🕗 台北市 中正區 忠孝東路一段 108號 2樓
🕐 Tue-Sun 5:30-24:30 • Monday closed

놀라지 않을 수 없었다. 아침부터 부산을 떨며 이곳을
찾은 시각은 정확하게 오전 6시. 그러나 이 긴 줄은……
대체 뭐지? 그로부터 40분을 줄을 선 채로 기다려
바야흐로, 입성! 타이베이 최고의 조식을 매일 새벽
5시 30분부터 판매한다는 가히 '전설적인' 식당이다.
2층에 위치한 가게는 굉장히 넓고, 다소 어둡다.

거품이 이는 따끈한 콩국인 더우장豆漿에 바삭한 유탸오油條를
송송 썰어넣어 식감을 더한 것과 화덕에서 바로바로
구워낸다는 사오빙燒餅이 이곳의 부동의 인기 메뉴.
넓은 공간을 가득 채운 부지런한 타이완 사람들과 함께,
아침을 열어젖히는 상쾌한 여정이 시작되는 곳.

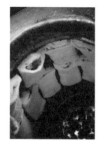

▲ 비록 크기는 작지만 숯이 이글거리는 '진짜'
화덕에서 구워내는 사오빙. 모두들
이 빵에 달걀부침을 추가해서 먹는다.
입소문이 난 곳은 다, 이유가 있다.

▲ 화덕 한쪽에 얌전하게 달라붙은 채
노릇하게 구워지는 반죽들의 모습이
신기하기 그지없다. 적당히 구워진 빵들을
날렵한 솜씨로 골라내는 아주머니의 손놀림!

▲ 주방 안쪽에서는 정말이지 쉴 새 없이
반죽하고, 나르고, 튀기고, 굽고……
빈틈없이 위생 모자와 마스크까지 갖춘
종업원들의 손놀림, 호흡이 척척이다.

▲ 유탸오는 발효시킨 밀가루 반죽을
도톰하게 튀겨낸 것으로, 아침식사에서는
빠질 수 없는 '밥' 같은 존재다. 끝없이 새로
튀겨내니, 유독 바삭한 데는 이유가 있다.

建國假日玉市

젠궈자르위스

······················
📍 Jianguo South Rd, Da'an District,
Taipei city
🕐 台北市 中山區 建國南路 高架橋下
📅 Sat-Sun 9:00-18:00

주말에 반짝 열리는 시장은 늘 작은 설렘을 동반한다.
'주말'이라는 귀중하고 한정된 시간, 무언가 평소와는 조금
다른 새로운 즐거움을 찾아볼 수 있지 않을까, 하는
막연한 기대감이 있기에. 젠궈자르위스는 주말에만
문을 여는, 게다가 특이하게 시내 고가도로 아래 터를 잡은
대규모 옥 거래 시장이다. 아니나 다를까, 안쪽으로 들어서니
일렬로 늘어선 책상만 한 좌판들의 끝이 보이지 않고……
800여 개에 달하는 행상들이 일제히 영업중이라 하니
이 대단한 규모가 무리도 아니다. 형형색색의 옥기들,
각종 보석, 골동품, 금박을 입힌 다기 및 술잔 등 안목이 부족한
관광객으로서는 그저 홀린 듯 구경만 할 수밖에.

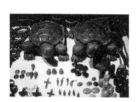

▲ 늘어선 테이블이 셀 수 없을 만큼 가득한데도,
테이블 위 품목들은 제각기 다양함을 뽐낸다.
이렇게나 다양한 색상과 무늬의 옥이
존재하는구나, 새삼 놀라게 된다.

▲ 길게 이어지는 공간을 따라 각자의 테이블이
줄지어 있으나, 일정한 콘셉트별로 구획되어
있지는 않으니 통로를 따라 걸으며 흥미가
가는 곳 위주로 구경하는 편이 낫다.

▲ 주말마다 고가 아래에서 열리는 시장인데,
단순한 '다리 밑 장터'가 아니다! 엄청난
규모의 판매대가 공간 안쪽으로 끝도 없이
늘어서 있다.

▲ 물품들 '구경'은 흥미로우나 '구입'은 요원하다.
조금 마음에 들어 가격을 넌지시 물었다가
기겁하기를 여러 차례. 대부분 골동품들을
취급하는지라, 흥정을 감안하더라도 부르는
값이 만만치 않다.

시장 내부에서는 먹거리를 판매하지 않고 오로지 거래
제품들만 취급한다. 옥 시장이 끝나는 지점에 간단한
간식거리를 파는 행상들이 드문드문 모여 있다.

📍 쉽게 찾아가기!

산다오쓰 역 6번 출구에서부터
화산1914를 지나 큰길을 따라
가면 중샤오신성忠孝新生 역이
나온다. 조금 더 걸어가다 젠
궈난루建國南路가 나오면 우회
전해 쭉 걷는다. 다소 먼 거리.

옥 시장이 끝나는 지점에서 팥빵과 바삭한 꽈배기 과자로
간단하게 요기를 하고, 길을 건넌다. 앞쪽으로 바로
이어지는 공간은 주말 꽃 시장이다. 다리 아래 옥 시장이
다소 어두컴컴했던 것과는 달리, 야외 시장인
꽃 시장은 밝고, 넓어 숨통이 확 트이는 느낌이다.
우리나라 양재동 꽃 시장만큼이나 너른 공간에
해사한 꽃무리들로 인해 눈이 부실 지경.
꽃구경하러 아예 단체로 나온 현지인 가족들도 많아
시끌시끌, 정신이 없다. 싱싱하고 다채로운 식물들의
'넘치는 생명력'을 온몸으로 느낄 수 있는 곳. 식물 재배를
좋아하는 온순한 타이완 사람들의 일상생활을 공유해본다.

73

▲ 옥 시장이 끝나는 지점이 바로 꽃 시장의
입구이다. 두 시장 모두 일찍부터
부지런한 관람객들의 행렬로 붐빈다.

▲ 시장 곳곳에 큼직하게 그려놓은 벽화들.
그렇지 않아도 밝고 화사한 공간인데
밝은 색조의 그림이 분위기를 더한다.

▲ 굉장히 넓고, 그야말로 가지각색의
식물들을 판매하고 있다. 입구 쪽 가게들은
꽃을 전문으로 취급한다. 안쪽으로 계속
발걸음을 옮기면 금붕어, 도자기 화분,
각종 씨앗 및 식충식물들까지 다양하게
판매하는 매장들이 보인다.

▲ 무더운 기후이다보니 화려한 색감과
무성한 잎사귀를 자랑하는 식물들이
지천이다. 식물류는 국내로 반입할 수 없어
아쉽지만, 구경하는 재미가 쏠쏠하다!

편의점 열전

세계 곳곳, 어느 동네에서나 흔히 볼 수 있는 편의점. 그렇지만 타이완 편의점 냉장고 속에는 그간 보지 못했던 이곳만의 다양한 아이템들이 자리를 지키고 있으니, 편의점에 들를 때 살펴보자.

망고 맥주
芒果啤酒

맥주라기보다는 주스 쪽에 더 가까워서 주로 여성들의 지지를 받는 품목이다. 망고 이외에도 포도, 파인애플 등 다양한 맛이 출시되어 있다.

밀크티
牛奶茶

일명 '화장품 통 밀크티'로 잘 알려진 편의점 음료. 저렴한 가격임에도 불구, 맛이 나쁘지 않은 편이다. 병 모양이 예쁘고 단단해서 여러모로 쓸모 있어 인기.

요구르트
酸奶

어디서나 흔히 볼 수 있는 단순한 요구르트지만 관건은 사이즈. 500ml 우유 크기에 버금가는 대용량을 자랑하는지라 요구르트 마니아들에게 사랑받는다.

깨알 TIP

'타이완 사람은 정부 없이는 살아도 편의점 없이는 못 산다'라는 말이 있을 정도로 타이완은 그야말로 편의점 천국이다. 어느 지역, 어느 골목에서나 환히 불을 밝힌 가게의 모습을 볼 수 있는 것. 도로 하나 건너 나란히 마주보고선 편의점의 모습이 낯설지 않을 정도로 편의점 문화가 활성화되어 있으니, 여행자들에게는 그저 반갑고 고마울 따름.

커피숍 열전

글로벌 브랜드 이외의 저렴하고 소박한 타이완 로컬 커피숍을 찾아보자.

단테커피
丹堤咖啡

미스터 브라운
伯朗咖啡館

85℃
八十五度C

스타벅스와는 사뭇 다른, 진녹색 로고에 인상적인 곳. 무난한 커피 맛에, 아침 일찍부터 제공하는 조식 메뉴가 무척이나 다양해 출근길에 오가는 손님이 많은 편이다.

무수한 매장뿐 아니라 편의점에서도 만날 수 있는 대중적인 브랜드. 다양한 음료와 친근한 캐릭터, 편안한 매장 분위기로 호응을 얻은 브랜드이다.

짭짤함을 가미한 특유의 '소금커피'는 다들 한 번씩은 맛보는 메뉴. 무척 저렴한 가격으로 다양한 종류의 조각 케이크를 맛볼 수 있어 학생들의 발걸음도 잦다.

DETAILS
02 2736 5138
1993 open
11F 268 Sec.2 Fusing South Rd.
Da'an District, Taipei city
www.dante.com.tw

DETAILS
02 2365 6551
1982 open
230 Sec.3 Roosevelt Rd.
Zhongzheng District, Taipei city
www.mrbrowncoffee.com.tw

DETAILS
0800 611 588
2003 open
51 32th Rd. Xitun District
Taichung city
www.85cafe.com

忠孝敦化

중샤오둔화 역

○
반난 선

大頭

타이뻬이 시내에서 지금 가장 '핫한' 곳을
꼽아보라면 단언컨대 이곳, 중샤오둔화다.
여기가 타이완인지 홍대 거리인지
구분이 안 될 만큼 줄지어 있는 감각적인 간판들,
'럭셔리보다는 유니크'라는 타이틀이
잘 어울리는 흥미로운 숍들이 곳곳에 즐비하다.
골목 곳곳의 인상적인 숍들을 구경하다가
마음에 드는 브런치 전문점, 또는 안온한 카페에서
커피 한 잔의 여유를 만끽할 수 있는 이곳.

골목 곳곳에 즐비한 간판들은 제각기 자신들의 색깔을
드러내는 좋은 포인트. 단순하면서도 깔끔한 디자인을
추구한 곳들이 많다.

이번에는 과연 어디에서부터 시작해볼까?
중샤오둔화를 찾을 때, 반복하게 마련인 고민.
주택가와 함께 어우러진, 작은 골목골목을 가득 채우고 있는
보기 좋게 단장한 옷 가게들과 잡화점, 음식점, 카페들.
어디에서나 볼 수 있을 법한 풍경이지만, 또 어디에서나 볼 수
있기에 더이상 특별하지 않을 평범한 거리의 모습……
그러나 중샤오둔화 일대는 조금, 다르다.
그간 흔히 봐온 소소한 타이완풍 가게들이 아니여서인지
이곳이 지금 혹시 홍대 거리, 혹은 이태원 거리가
아닌가 싶은 착각이 들 정도다.

해가 지고 어둠이 내리면서부터 하나둘씩 조명이 켜지기 시작하면, 거리는 재차 생명력을 얻어 다른 모습으로 반짝반짝 빛난다.

어느 가게도 엄청난 규모나 호화로운 인테리어를
자랑하고 있지 않지만, 외관에서부터 개성이
묻어난 곳들이 많아 모두 들어가보고 싶은 심정이다.
마음에 드는 가게를 골라 구경하다보면, 저렴한 가격에
그간 벼러왔던 액세서리 하나쯤은 금세 건질 수 있을지 모른다.
어둠이 내리기 시작하면 슬슬 골목 구경을 마치고 24시간
쾌적함을 선사하는 서점인 청핀수뎬誠品書店 둔난敦南 점으로
향할 수도 있다. 언제라도 문을 닫지 않는다는 '전설의' 서점.
그렇지만 노랗고 빨간 조명이 켜지기 시작하면서 바야흐로
새로운 얼굴을 내보이려는 골목을 떠나기엔 조금, 이르다.

비비안 웨스트우드, 아베크롬비 등 한 번쯤 이름은
들어봤을 법한 유명 브랜드 숍들도 간간이 눈에 띈다.
하지만 이 일대를 매력적으로 만들어주는 건 유명세 없는
작은 가게들이라는 사실은 굳이 말하지 않아도 알 것이다.
매장 크기도 고만고만, 입구도 고만고만한 탓에 쉽게 눈에
들어오지는 않지만 그러거나 말거나 자신의 색깔로
자리를 지켜온 작은 가게들. 이곳 일대에서는 발품을 팔수록
알차게 느껴진다. 우연히 접어든 골목에서 눈에 익은 한글 간판
하나를 발견하고, 반가운 마음에 기념사진도 남겨보고 말이다.

유명세 없는
작은
가게들이라는
사실

중샤오둥화의 활기와 생동감은
그냥 저절로 얻어진 것이 아니라 다양한 변화를
추구하는 움직임들이 모여 만들어낸 것.

이 거리에서 가장 눈길을 끌며 호기심을 자극하는 −비단
나만의 생각은 아닌 듯, 입구에 사람이 가득하다−
가게가 하나, 아니 둘도 아닌 세 개의 가게가
이곳 골목에 함께 둥지를 틀고 있다.
통합 라이프스타일 숍을 운영하는 VVG 산하의 가게들을
이곳에서 모두 만날 수 있다. 'Very very good'을 뜻한다는
이름 그대로, 개성 가득한 물건들을 분야별로 나뉘어

각자의 공간에 알맞은 색깔을 입었다.
상품 선택에서부터 명함 하나까지, 타이완을 대표하는
편집숍으로 거듭나기 위해 심혈을 기울인 흔적이 역력하다.
이미 이 일대의 분위기를 주도하고 있으니, 앞으로가

더욱 기대되는 브랜드이다. 화려하고 분주한 가게를 나오면,
금세 다시 한적한 골목이 등장한다.
출출해질 무렵, 도무지 빈자리가 나지 않을 만큼
인산인해를 이루고 있는 자그마한 국숫집 하나가 눈에 띈다.
그 인기의 비결이 사뭇 궁금해 한참을 기다렸다가 겨우
자리 하나를 배정받고 옆자리 친구와 어깨를 겨루어가며
훈툰餛飩 한 그릇을 정신없이 비우고 가게를 나섰다.
나시, 숭샤오둔화 거리의 밤 모습을 탐하기 위해.

하오양시환 好樣喜歡

| VVG Chiffon

☎ 02 2751 5313
📍 18 Alley40 Ln.181, Sec.4 Zhongxiao
East Rd, Da'an District, Taipei city
🕐 台北市 忠孝東路四段 181巷 40弄 18號
🕐 7days 12:00-21:00
🏠 http://vvgvvg.blogspot.tw

중샤오둔화 거리 일대를 유니크하게 만들어낸
일등공신이라 해도 과언이 아니다. 이 골목 안에서만
VVG 계열의 상점이 서너 군데 더 운영되고 있다.
식당과 서점, 패브릭 등 각기 특화된 분야를 담당한 숍이 모여
일군의 문화 활동을 선도해나가고 있는 중이다.
그중 작은 주택을 그대로 개조해 만든 듯, 하얀 외벽을 가진
단아한 벽돌 건물이 문을 활짝 열어젖히고 개성 가득한
소품들로 오가는 사람들의 시선을 사로잡고 있다.
작은 마당임에도 녹음이 우거져 있고, 복닥복닥한
분위기 속에 자체 할인 행사를 진행하고 있으니, 누구라도
호기심을 가지지 않을 수는 없을 듯하다.

▲ VVG 숍 라인에서 의류 및 패브릭,
　빈티지 소품들을 담당하고 있는 곳.
　본래 상품들의 촬영은 금지되어 있지만,
　취재중임을 밝히니 가게 내부의 모습은
　촬영 가능하다며 인심 좋게 허락해주었다.

▲ 바로 옆 건물에는 또하나의 숍,
　VVG Table이 공간을 공유하고 있다.
　사이에 자리잡은 자그마한 키친에서는
　온종일 빵을 구워내고, 그 향기로 또다른
　관광객들의 발길을 잡아끈다.

▲ 가게 내부는 엄청난 부피의, 엄청난 무게의
　각종 패브릭 상품들로 꽉 들어차 있지만
　하나하나 독창성이 가미된 것들이라
　들여다보지 않을 수가 없다. 단, 가격은
　그리 만만치 않은 편.

▲ 자그마한 마당에 진열된 상품들은
　아기자기한 장식용 소품에서부터 작가들과
　협업한 아트 상품 등, 다른 곳에서는
　찾아보기 힘든 물품들이다.

好樣本事

하오양번스

| VVG Something

☎ 02 2773 1358
📍 13 Alley40 Ln.181, Sec.4 Zhongxiao
East Rd, Da'an District, Taipei city
📍 台北市 忠孝東路四段 181巷 40弄 13號
🕐 7days 12:00-21:00
🏠 http://vvgvvg.blogspot.tw

한눈에 '반해버린' 책 표지에 이끌려 나도 모르게
그 책을 구입하고 말았던 경험이 있는지?
이곳에서는 수백 종의 예술 관련 도서 및 수입 서적들-
특히 요리 분야에 관한 책이 많다-을 취급한다.
책의 내용뿐만 아니라 표지의 디자인까지 고려해 엄선한
도서들을 모아놓은 곳이라 하니, 그 정성만으로도 감탄을.
가게 안을 빽빽하게 채운 아름다운 책들에도 시선이 가지만,
노란 백열전구 조명 아래 묵직한 색감의 책장과
빈티지 유리 제품들, 때묻은 타자기, 벽에 그려진 누군가의
그림까지…… '아주 아주 좋은 것'들을 널리 소개하고 싶다는
주인의 미의식이 잘 반영된 멋진 공간이다.

▲ 선명한 붉은색 페인트가 칠해진,
빈티지한 나무 문이 인상적이다.
철거 예정이었던 어느 기숙사에서
간신히 공수해온 것이라고.

▲ 묵직한 색감의 빈티지 가구들이 분위기를
더할 나위 없게 만들어준다. 안쪽에 놓인
앤티크 책상 위에는 적은 양이지만
양질의 문구 상품들을 갖춰놓았다.

▲ 서점 한쪽 벽면을 가득 채운 건
어느 아티스트의 재기 넘치는 그림.
흡사 실제 공간이 이어지는 듯한 효과까지
불러일으키는, 센스가 넘치는 작품이다.

▲ 바라보기만 해도 지적인 느낌을 준다.
클래식한 구식 타자기는 실제로 작동
가능할 뿐 아니라 판매중인 제품.

투스리야 吐司利亞

| Toasteria Cafe

☎ 02 2752 0033
📍 3 Ln.169 Sec.1 Dunhua South Road,
　Da'an District, Taipei City
🕙 台北市 大安區 敦化南路一段 169巷 3號
🕙 Mon-Fri 11:00-27:00
　Sat 9:00-27:00 / Sun 9:00-24:00
🏠 www.toasteriacafe.com

독일식 팬케이크 가게, 구름처럼 몽실몽실한 오믈렛 전문점,
매콤 구수한 우육면 가게 등…… 참으로 다양한 레스토랑이
밀집해 있는 이곳이지만, 그중 맛에서나 분위기에서나
캐주얼한 매력으로 많은 손님들을 단골로 만드는
토스트 전문점을 찾았다. 토스트의 종류만 해도 수십 가지다.
여유를 가지고 가벼운 맥주 한 잔을 곁들여 주문해보자.
부담없이 들어가 발랄한 분위기 속에서 중샤오둔화의 활기에
녹아들 수 있는 곳, 다소 한가한 테라스 좌석에서
기분 좋게 혼자만의 시간을 가질 수도 있는 곳이다.
아낌없이 잘라 넣은 치즈의 고릿한 냄새와 사과 향이
잘 어우러져 떠들썩한 공기 속을 떠돈다.

▲ 2층, 길게 늘어선 베란다 좌석으로
  자리를 잡으면, 누구의 방해도 없이 바람
  솔솔 불어오는 한때를 만끽할 수 있다.
  좌석 앞으로는 작은 초목이 우거져
  청량감을 선사해준다.

▲ 타파스 바 같은 시끌벅적한 분위기에
  외국인들도 즐겨 찾는다. 가벼운 식사 외에
  알코올 음료도 칵테일, 수입 맥주 등도 고루
  취급하고 있어 저녁 무렵 방문하면 좌석이
  가득 차 흥겨운 분위기가 그만이다.

▲ 적지 않은 공간을 차지한 큼직한 주방을
  보면, 음식 맛에 대해 신뢰가 간다.
  주문이 들어오는 즉시 조리를 하고
  빵을 구워내는 통에 금세 분주해진다.

▲ 맛에 있어서도 부족함 없이 좋다.
  그릴 자국이 선명한 빵은 크래커처럼
  파사삭 부서진다. 식빵 안쪽에서는 열기에
  녹아내리는 치즈 향이 진동을 한다. 곁들인
  올리브와 매운 고추 하나가 신의 한 수.

眼鏡咖啡
옌징카페이

| Cafe Megane

☎ 02 2708 4686
📍 6 Ln.52 Siwei Rd, Da'an District,
Taipei city
📍 台北市 大安區 四維路 52巷 6號
🕐 Sun-Thu 12:00-21:00 / Fri-Sat 12:00-22:00
🏠 www.coffeemegane.com

무거운 회색 철문을 삐걱, 열고 들어서는 순간 알았다. 이곳,
멋진 곳이라는 것을. 그리고 이곳을 찾아오는 손님들을
실망시키지 않을 곳이라는 것을. 안경 카페는 중샤오둔화 역과는
다소 떨어진 거리에 위치해 있지만, 그만큼 고즈넉해 숨겨진
'나만의 장소'로 기능할 수 있는 곳이다. 한쪽에 놓인 커다란
나무 탁자에서는 대학생인 듯한 일행이 소곤소곤 디자인 시안을
구상하기에 여념이 없고, 나 홀로 여행자는 소설을 읽으며
주문한 런치 메뉴를 꼭꼭 씹어 먹고 있다. 구비되어 있는
《ku:nel》, 《brutus》 등의 라이프스타일 잡지를 훑으며 마냥
쉬었다가 가고픈 곳이다. 간판에 그려진 둥근 안경과 꼭 같은
모양의 안경을 쓴 바리스타 아가씨가 야무지게 커피를 내려준다.

▲ 식사 메뉴는 3종 정도로 단출하지만,
보기만 해도 내공이 느껴지는 비주얼이다.
조미료를 가미하지 않은 소박한 주먹밥과
제철 채소들에서 정성이 묻어난다.

▲ 그리 크지 않은 아늑한 공간이지만,
작게나마 발코니를 내어 외부 좌석을 구비해
두었다. 실내는 자못 '얌전'한 분위기라
쉽사리 목소리를 높일 수 없다. 바 좌석은
부엌과 바로 마주하고 있지만 프라이버시를
지키며 내 작업을 하기에 더없이 좋은 곳이다.

▲ 정작 별것 아닌 듯해 보여도 신기하게
주인의 '감성'이 물씬 느껴지는 곳이 있다.
잘 마른 유칼립투스 잎 여남은 줄기,
레트로한 갈색빛 머그잔들이
특유의 분위기를 완성한다.

▲ 무엇보다 커피의 맛이 좋다. 타이베이
시내에서 가장 '맛깔나는' 라테를 제대로
내주는 곳이라 단언할 수 있다. 입술에
와 닿는 기분 좋은 온도와 우유 거품,
진한 듯 진하지 않은 커피. 완벽한 한 잔이다.

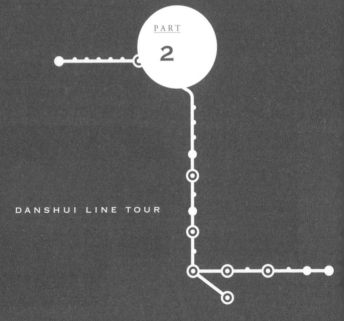

타고서 단수이선

PART

2

DANSHUI LINE TOUR

淡水線

단수이선

台北101/世貿

타이베이101/스마오 역

○
단수이 선

타이베이 101타워는 타이베이 시의 랜드마크,
아니 타이완을 대변하는 '이미지 메이커'라고도
할 수 있다. 이 근방을 방문하게 되면,
모던하고 샤프한 분위기에 깜빡 타이완이 아닌
또다른 나라에 온 것 같은 기시감이 들 정도다.
대나무의 모양을 형상화해 층층이 쌓아올린
타이베이 101타워의 위풍당당한 모습,
바삐 거리를 오가는 사람들의 모습 뒤로
펼쳐지는 마천루의 그림자가
사뭇 든든하게 느껴진다.

청핀 서점은 타이완의 자존심과도 같은 독보적인 존재
이다. 쾌적한 분위기에 놀라고, 연중무휴 24시간 불을
밝히는 지점까지 있다고 하니 감탄스럽다.

눈부시게 푸른 하늘을 배경으로 삼은 타이베이 101타워의
모습은 오늘날 타이베이의 높아진 위상을 대변한다.
해가 지고 난 뒤, 야외조명과 빌딩 숲의 불빛이
휘황찬란하게 거리를 밝힌 넓은 가로수길을 걷는 것 또한
타이베이 시내 구경의 백미다. 타이베이 101타워 근처에는
정부기관 및 각종 백화점, 브랜드 숍 등이 들어서 있어
세련된 분위기이지만, 주말에 이곳을 찾는다면
평소와는 조금 색다른 모습을 경험할 수 있을 것이다.
과거 '군사기지'였던 폐건물을 개조해 시민들의 휴식처로
거듭난 쓰쓰난춘四四南村이 자리하고 있기 때문이다.

| 테마 공간 쓰쓰난춘의 입구. 생각보다 작고, 깜찍한 분
위기에 다소 당황했지만 진한 회색빛 기와와 낮은 시
멘트 담 등에서 이전 분위기를 찾아볼 수 있다.

다소 귀엽게 울리는 어감과는 달리, 쓰쓰난춘은 과거
군사시설의 일부였던 구역을 개조해 재탄생시킨 곳이다.
드라마 세트장처럼 조용한 이곳을 평일날 찾아가기보다는,
활기찬 시장이 열리는 토요일 혹은 일요일 아침식사를 마치고
느긋하게 방문하는 것이 훨씬 좋다.
정오를 넘기면서부터 활기찬 분위기가 점차 번져나간다.
시장은 비록 자그마한 공터에서 소규모로 이루어지지만
참가자들 모두 책임감을 가지고 만들어낸 양질의 상품들을
준비해 와서 판매한다. 때문에 참신하고 정성 가득한 제품들을
믿고 살 수 있다. 이따금 간이 콘서트도 열린다.

말린 토마토를 듬뿍 넣어 구운 도톰한 키쉬,
직접 하나하나 손으로 골라낸 생강을 짜내 그 진액을
발효시킨 수제 식초 등 이 장터의 포인트는
다름 아닌 '정성'이 들어간 물품이다.
어찌 보면 아주 협소한 공간임에도 불구하고, 역시나
특유의 '이야기'를 간직한 곳은 방문객들을 잡아끄는
매력이 있는 것 같다. 이미 오래 전에 폐기되어
사라졌을 법한 낡고 음울한 공간이, 이렇듯 시민들의
애정을 듬뿍 받는 소중한 공간으로 거듭난 것을 보면 말이다.

이 장터의
포인트는
다름 아닌
'정성'이 들어간
물품

📍 쉽게 찾아가기!

타이베이101/스마오 역 2번 출구로 나가면 커다란 농구장이 바로 보인다. 농구장을 지나 코너 끝에서 좌회전해 조금 더 걸으면 아치형의 파란 대문이 나타난다.

하늘을 찌를 듯이 웅장한 타이베이 101타워를 배경 삼은
녹음 우거진 야트막한 담과 기와지붕이 그림 같아서,
이곳에서 웨딩 촬영을 하는 커플들을 심심치 않게
볼 수 있다. 땀을 뻘뻘 흘리면서도 막간을 이용해
'미도리'의 아이스크림 하나를 사서 사이좋게 나눠 먹는
그 모습이, 어쩜 그리 예뻐 보이던지.
쓰쓰난춘은 이렇듯, 타이베이 새로운 세대의
또다른 추억이 되어가는 중이다.

📷 (258 ▶▶)

하오추 好丘

| Good Cho's

☎ 02 2758 2609
📍 54 Songqin St, Xinyi District,
Taipei City
🏠 台北市 信義區 松勤街 54號
🕙 Tue-Sun 11:00-21:00 • Monday closed

쓰쓰난춘에 위치한 건물에 입점해 있는 상점으로, 이미
그 이름 자체가 쓰쓰난춘과 동일시될 만큼 절대적인 지지를
얻고 있는 곳이다. 입구 쪽으로 들어서면 각종 상품들이
즐비한 진열대와 긴 나무 탁자를 마주하게 되는데, 진열중인
벌꿀, 차와 버섯가루 등이 하나같이 '메이드 인 타이완'이다.
이곳의 시그니처 메뉴는 다름 아닌 베이글. 손바닥만 한
단단하고 통통한 베이글을 아예 미리 줄지어 진열해두는데,
식사 때면 그 많던 베이글이 한 줄씩 금세 동나버린다.
안쪽 부엌에서 끊임없이 빵 반죽을 거듭 주무르는 모습이
이해가 된다. 베이글을 이용한 풍성한 샌드위치와
모듬 샐러드 세트 등도 뛰어난 맛을 자랑한다.

1 하오추 바로 옆, 통로 초입에 아이스크림
가게 '미도리'가 있다. 작은 규모에도 불구하고
신선하고 독특한 재료의 사용으로 입소문을
탄 곳이다. 이곳을 찾는 방문객들의 손에는
너 나 할 것 없이 미도리의 아이스크림이
하나씩 들려 있다.

2 식사 메뉴와 음료의 종류가 매우 다양해서
선택하는 데에 고민이 따른다. 모든 메뉴는
신선한 재료를 아낌 없이 사용한다.
'흑설탕 고구마 라테'는 종업원의
적극 추천 음료. 담백한 단맛이 일품이다.

3 층고가 높은 탁 트인 공간에 상품들이
그득하다. 한쪽으로는 인기 있는 상품들을
순위별로 진열해두어 무얼 고를지 몰라
고민하는 방문객들의 고민을 덜어주기도 한다.

▲ 충분히 넓은 공간이지만 주말 식사시간에
방문하면 기다려야 한다. 편안한 분위기에
음식까지 다양하고 맛있기에 젊은 연인들뿐
아니라 가족 단위의 손님들도 많다.
쉽사리 자리가 나지 않을지도 모르겠다.

마치 추억 속 '초등학교'를 찾아온 듯한 빈티지한 공간
구성과, 옛 느낌을 반영한 소박한 패키지의 제품들로
하오추의 분위기는 늘 편안하다.

과하지 않은 단맛과 좋은 재료만을 고집하는 건강 먹거리를
추구하는 타이완 사람들의 의식과 잘 맞물려
인기몰이를 하고 있는 하오추.
뿐만 아니라 로컬 제품들의 판매 활성화를 위해 다방면으로
노력하는 모습이 여실히 느껴져 타이완의 미래가 참으로
긍정적이라는 생각이 들었다. 패키지가 매력적인
각종 잎차와 장미 잼, 구아바 잼, 밤 잼 등은 이름만 들어도
입에 침이 고인다. 양질의 상품들을 구경하며, 공간 안을
기분 좋은 냄새로 가득 채우는 소박한 브런치 메뉴를
기다리는 이 시간이, 좋다.

쓰쓰난춘은 비록 작은 공간이지만
옛것을 오늘에 되살리려는 꾸준한 노력이
잘 형상화되어 자리잡은 곳이다.

청
핀
수
뎬

請
品
書
店

| Eslite

☎ 02 8789 3388
📍 11 Songgao Rd, Xinyi District,
   Taipei city
🜚 台北市 信義區 松高路 11號
🕐 Sun-Thu 10:00-24:00
   Fri-Sat 10:00-24:00
⌂ www.eslite.com

청핀 서점은 타이완의 자존심, 타이완의 자랑거리다.
단순한 '서점'이라고 일컫기엔 그 존재감이 상당한 곳.
역사가 아주 오래된 것은 아니지만, 우리나라의
교보문고와도 같은 상징적이고 든든한 존재이다.
40여 군데의 전국 지점을 운영하고 있는 대형 브랜드의
역할뿐만 아니라 '문화공간'으로서의 역할을
충실히 이행하고 있다.
'BOOK & TEA'라는 콘셉트로 책과 여유가 어우러지는
매력적인 공간을 형성하고 있다. 자체적으로 생산해내는
소품이나 문구류 등은 하나같이 디자인이 빼어나
선물할 만한 물건을 구입하기에도 좋다.

송산문화원구 지점 청핀 서점의 모습. 특히 이곳은 건물
겉모습에서부터 방문객들의 시선을 압도한다.

청핀 서점에 대한 타이완 사람들의 애정이 지대한 것도
충분히 이해가 된다. 특히나 둔난 점은 연중무휴 24시간
운영하는 지점으로 명성이 자자한데, 실제로 자정 넘어 새벽
무렵까지 구석진 곳에 자리를 잡고 앉아 독서 삼매경에 빠진
학생들의 모습을 심심치 않게 볼 수 있었다.
송산문화원구는 관광객에게 접근성이 뛰어난 곳은 아니지만,
건물 전체가 하나의 문화 지구를 아우르고 있기 때문에
한 층 한 층 돌아보노라면 시간 가는 줄을 모를 정도다.
일단 한번 이곳에 발을 들이면, 쉽사리 헤어나오지 못할 것이다.
지하층에는 유명 베이커리와 인기 있는 레스토랑이 입점해 있어
모든 여가 활동을 이곳 내부에서 해결할 수 있다.

▲ 송산문화원구는 워낙에 넓은 공간을
사용하다보니, 역에서 다소 떨어진 장소에
위치해 있다. 건물 뒤쪽 풍경은 흡사
미래 도시 같은 풍광이라, 관람객들에게
좋은 포토존이 되어주기도 한다.

▲ 청핀 서점은 어느 지점을 방문하더라도
똑 떨어지는 듯한 디스플레이, 흥미롭게
진열된 상품들 등으로 마케팅의 좋은
본보기가 되어준다. 로컬 브랜드에
대한 애정 역시 주목할 만한 점이다.

▲ 이렇듯 젊은 청년 작가들이 공방을 꾸려
직접 작업하는 모습을 볼 수 있도록
오픈해놓았다. 멋진 작업대의 열기와
창밖으로 보이는 기하학적인 풍경은 덤.

▲ 송산문화원구에는 청핀 서점에서
자체 제작·판매하는 물품 이외에도
각종 수입 디자인 용품 브랜드들이
다수 입점해 있다.

雙連

中山
중산 역

○
단수이 선

타이베이 시내를 관람하는 데 있어,
단수이 선 중산 역을 절대 놓쳐서는 안 된다.
타이완 젊은이들의 포부를 담아 런칭한
브랜드 숍이 자리잡고 있을 뿐 아니라
그런 공간들이 우리나라 홍대 거리처럼
골목골목 숨겨져 있어 나만의 스폿을
찾는 재미도 있다. 한적한 거리에
가로수가 줄지어 우거져 있으니
지나다가 마음에 드는 카페를 골라
잠시 망중한에 빠져보아도 좋을 곳이다.

분주하고 번화한 중산 역이지만, 골목골목을 헤매기
시작하면 이렇듯 '제법 소박한' 장소도 발견할 수 있다.
중산 역의 꾸밈없는 말간 얼굴을 마주한 느낌.

중산 역 1번 출구로 나오면 관광객들은 가장 먼저 넓은 차도와
높다란 건물들을 마주하게 되는데, 이는 중산 역의
참모습이라 할 수가 없다. 우리가 발견하고자 하는 중산 역의
모습은 조금은 색다른 것. 차도를 건너, 이 일대에 조용히
자리를 지키고 있는 '타이베이 필름하우스光點台北電影院'로
향하면서부터 중산 역의 매력을 하나하나 발견해나간다.
조금 전의 번화한 모습은 어디로 가버렸나 싶을 정도로,
금세 녹음이 우거진 가로수길과 단층 건물들이 속속
나타나기 시작한다. 산책로 곳곳에 흩어져 있는
모자이크 조형물들의 귀여운 모습은 또 어떻고.

타이베이 필름하우스는 SPOT이라는 다른 이름으로도 불린다. 깔끔한 검정색 간판처럼 건물 또한 일체의 꾸 밈이 없는 담백한 건축양식으로 지어졌다.

타이베이 필름하우스는 과거 미국대사관으로 사용되던
건물이었다. 미군이 철수한 후, 한동안 방치되어 있다가
90년대에 들어 허우샤오셴(侯孝賢) 감독의 노력을 통해
영화관으로 새로이 그 모습을 갖춘 곳이다.
새하얗고 군더더기 없는 외관은 나무숲에 가려
조용하고, 단아하다.
오전 11시, 문을 열자마자 찾은 터라 아직 준비가 덜 된
매표소를 지나 2층 레스토랑을 힐끗 들여다보니
한쪽 벽에 낯익은 포스터가 ─김기덕 감독의
꽤 오래 전 작품 사진이─ 걸려 있어 놀랐다.

이곳에서는 여느 소규모 독립 영화관들과 마찬가지로
예술성이 높은 영화, 비상업 목적의 영화들을 주로 상영한다.
매표소 옆에는 다양한 아트 상품들을 모아놓고 판매하는
기념품 가게도 있는데, 타이완 특유의 감성을 듬뿍 담은 갖가지
물품들이 다양하게 입점해 있어 무척이나 반갑다.
1층에는 영화 〈카페 뤼미에르〉의 이름을 그대로 차용한 카페도
있다. 야외로도 좌석이 개방되어 있는 덕에 날씨 좋은 날이면
한갓진 오후를 즐기는 손님들이 제법 있다. 저녁에는
멋진 분위기 속에서 다양한 식사 메뉴도 즐길 수 있다.

타이완
특유의 감성을
듬뿍 담은
갖가지
물품들

영화관 안 아트숍은 한적한 장소에 위치해 있지만, 다른 가게들보다 독창적이고 다양한 제품들을 구비하고 있다.

대중에게 인기가 적은 예술영화들 위주의 공간인지라
번잡스럽지 않아 좋다. 숍을 구경하고 난 뒤,
풀숲을 가로질러 이번에는 'MOCA'라는 애칭을 지닌,
타이베이 당대예술관台北當代藝術館, Museum of Contemporary Art,
Taipei으로 걸음을 옮겨본다. 타이베이 당대예술관은
비교적 작은 규모의 미술관으로, 시립미술관의
현대적 풍모나 고궁박물관의 명성에 가려
잘 알려지지 않았지만, 각종 영역의 예술가들을 초청하여
다양한 스타일의 전시를 시도함으로써 필모그래피를
쌓아온 곳이다. 타이베이 기차역에서도 제법 가까워서
산책 삼아 방문하기에 좋은 곳이다.

259 ▶▶

▲ 미술관 입구 앞에 놓인 대형 조형물.
  여느 미술관들과 달리, 대로변에 바로
  면해 있어 오가다 들르기에도
  부담없는 친숙한 미술관이다.

▲ MOCA에서는 그 이름 그대로 현대미술
  작품들을 주로 다룬다. 그래서인지 유독
  감각적인 전시 안내 및 관련 작가 홍보물들이
  눈에 선명하게 들어온다.

▲ 미술관에 딸린 자그마한 카페 내부.
  샛노란 벽과 책이 빼곡하게 꽂힌 책장,
  공간 대부분을 큼직한 붓글씨로
  장식한 모습이 색다른 인상을 준다.

모구는 타이베이 젊은 세대의 창의성,
넘치는 에너지를 대표하는 데 모자람이 없는
진취적인 브랜드이다.

다시 천천히 걸어본다. 큰길가와는 달리,
번잡스럽지 않은 골목들이 구경하기에 그만인 까닭이다.
중산 역 일대는 가로수들이 제법 우거져 있어 산책 코스로
삼기에도 알맞다. 역에서 멀지 않은 곳에 익히 들어왔던
상점 하나가 눈에 띈다. 타이완 젊은 청년들이 힘을 모아
탄생시킨 로컬 브랜드, '모구蘑菇'다.

자체적으로 생산해내는 독창적인 상품들 −가방, 의류,
필기구에서부터 정기적으로 발간하는 잡지까지− 을 통해
타이완 특유의 크리에이티브함을 엿볼 수 있는 곳이다.
바로 위층에서 함께 운영하는 카페에 들러 '정직한 단맛'으로
소문난 체리 파운드 케이크나 따끈한 키쉬 등을 맛보며
한숨 돌려도 좋다. 모구를 나서면, 그 바로 옆에 이웃한

'타이완 하오, 뎬台灣好, 店'이 있어 그야말로 타이완표 디자인의
현주소를 생생히 엿볼 수 있다. 비단 두 가게만이 다가 아니다!
골목길을 따라 무작정 걷다보면, 유명 일러스트레이터의
캐릭터 상품을 전문으로 취급하는 잡화점도 있고
진한 치즈케이크를 파는 가게, 팬케이크 브런치를 맛볼 수
있는 곳 등이 있으므로 지도는 가방 속에 집어넣어버리자.

1 부담 없이 구입하기 좋은 손가방, 발랄한
  체크무늬의 스카프와 필통 등 이곳만의
  색깔이 분명한 상품들이 가득하다.

2 세심하게 제작한 소품들에서 모구 특유의
  느낌이 잘 드러난다. 아티스트의 일러스트를
  적극적으로 활용한 노트, 엽서 등의
  문구류를 살펴볼 것.

3 모구 브랜드를 대변하는 '돼지 코' 로고.
  모구는 타이완 젊은 세대의 디자인 신을
  기대하게 만든다. 자체적으로 꾸준히
  발행하는 매거진도 이들의 노력을 잘
  반영하고 있다.

▲ 가게 안 작은 탈의실로 향하는 공간에는
  이곳과 잘 어울리는 일러스트, 손때 묻은
  우쿨렐레 등 귀여운 소품들이 또하나의
  분위기를 만들어낸다.

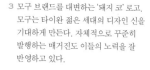

작은 규모의 가게도, 이미 체인점을 형성한 대형 브랜드의 가게도 골목 안에서 자연스럽게 어울리는 친화력이 중산 역 일대의 매력이자 강점이다.

'멜란쥐 카페Melange Cafe' 역시 관광객들의 사랑을 받는
중산 역 대표 브런치 카페이다. 푸짐하게 제공되는
각종 와플이 유명한데, 가격은 그다지 저렴하지 않다.
주말이면 문을 열기 전부터 이미 가게 앞에 장사진을 친
방문객들의 기약 없는 기다림을 이어가는 인기 만점 가게이다.
세련된 타이풍 레스토랑이 있는가 하면, 골목 어딘가에는
오후 1시가 되어서야 느릿느릿 가게 문을 여는
히피풍 주인장의 자그마한 와인바도 있다.
이처럼 여러 취향의 장소가 공생하는 곳.
중산 역 주변에서는 각자의 취향에 맞는 색깔 있는
'나만의 장소'를 찾으러 마음 가는 대로 나서보자.

더 아일랜드 The island

....

☎ 02 2531 4594
📍 1 Ln.33, Sec.1 Zhongshan North Rd,
Zhongshan District, Taipei city
🕐 台北市 中山區 中山北路一段 33巷 1號
🕐 7days 12:00-21:30
🏠 www.theisland.tw

이곳은 중산 역을 기점으로 한 산책을 마치고 나서,
휴식할 겸 들렀다 가기 좋은 카페이다.
좋은 카페이기 이전에 고적지 같은 존재이기도 한데,
오래된 목조건물을 일본인 주인이 사들여서
본래의 모습을 잘 살린 클래식한 건물이기 때문이다.
해묵어 반들반들 윤이 나는 목조 인테리어와 낮은 목소리로
조곤조곤 말하는 손님들 덕에 얌전한 분위기이다.
실내도 어두운 편이라 마음 편히 머물다 나설 수 있다.
2층 공간은 주인이 실제 사용하는 건축 사무소라 하니,
그저 부러울 따름. 다양한 종류의 파니니는 소문난 맛이라,
점심식사를 하러 찾아오는 손님들도 자주 보인다.

▲ 안쪽 공간에는 타이베이 문화 행사 소식지가 다양하게 구비되어 있다. 천장으로 난 창으로부터 쏟아지는 오후 햇살이 안뜰을 가만히 비추면, 마치 시간이 그대로 멈춘 듯하다.

▲ 이름 그대로 도심 속 '섬'처럼 덩그러니 자리잡은 카페. 짙은 고동색 나무로만 이루어진 건물 외부는 흡사 장난감 집처럼 보인다.

▲ 조용하고 절제된 분위기 속에서 장시간 자기만의 시간을 보내는 이들이 눈에 띈다. 그만큼 편안하게 머물 수 있는 공간.

▲ 정취가 한껏 담긴 잘 마른 꽃, 일본풍 입체 모빌 등 소박한 소품들이 보일 듯 말 듯 공간의 느낌을 만들어낸다.

미
리
원
스

米
力
溫
事

| Milly Zakka Shop

☎ 02 2521 6917
📍 6 Ln.33, Sec.1 Zhongshan North Rd,
　Zhongshan District, Taipei city
🜚 台北市 中山區 中山北路一段 33巷 6號
📅 Tue-Sat 12:00-19:00 ● Sun/Monday closed
⌂ www.millyshop.net

바깥을 향해 난 커다란 통유리 창이, 이 미지의 장소에 대한
호기심을 뭉게뭉게 불러일으키는 통에 결국 문을 열고
들어갔다. 내부를 찬찬히 둘러보다보면,
이곳의 주인이 과연 어떤 사람일지 자못 궁금해진다.
판매하고 있는 품목들이 다양하고 하나같이
쉽사리 보기 힘든 잡동사니들인 터라 이만한 물건들을
갖추려면 엄청난 노력이 필요했음을 짐작할 수 있기 때문이다.
사람들에게 좀더 나은, 신뢰가 가는 제품들을
소개하고자 하는 욕심에서 비롯된 어느 부부의 공방.
상품이 진열되어 있는 탁자며 곁에 놓인 앤티크 의자,
서랍식 진열장에 이르기까지 어느 하나 작품 아닌 것이 없다.

▲ 누가 이런 제품을 사갈까 싶기도 하지만,
낡고 작은 소품들 하나하나까지도
깔끔하게 손질해둔 태가 난다.

▲ 그야말로 없는 것이 없다. 잡동사니의 천국.
그러나 안목 있는 주인의 선택을
충분히 거친, 엄선된 제품들이다.

▲ 도자기에도 관심이 굉장하다는 주인.
비록 모든 제품을 진열해놓지는 못했지만,
진열된 제품만으로도 구매 욕구를
불러일으키기에 충분하다. 2층까지
갤러리 역할을 겸하는 소품이 있다.

▲ 작지 않은 가게 안을 각종 잡화들이 가득
채우고 있지만, 주인의 센스를 통해
놀랄 만큼 잘 정돈된 모습이다.

특히 도자기에 대한 관심이 많은 주인은 건물 2층,
좁은 계단을 올라야 하는 다락 같은 공간을
갤러리로 활용해 '전시회'를 상시 운영하고 있다.
자신들이 좋아하는 물건으로 공간을 채워
그 나른한 행복감을 다른 이들과 공유하고자 하는 마음.
본받고 싶다 해야 할까, 질투가 난다 해야 할까.
마냥 머물다 가고 싶은 곳이라 발길이 떨어지지 않는다.

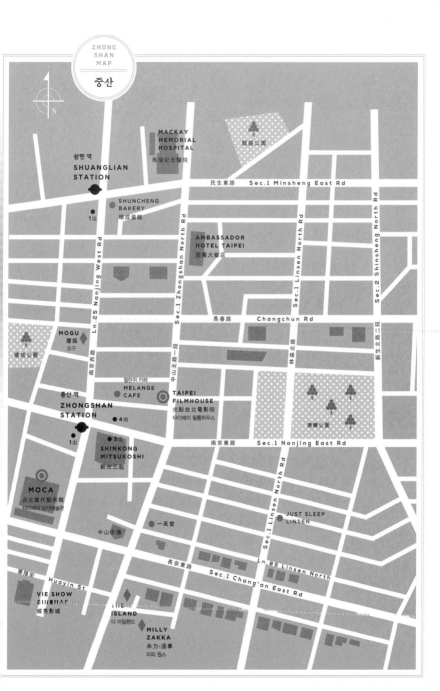

劍潭
民權西路

圓山
위안산 역

단수이 선

Taipei Story House

위안산 역은 과거 어린이대공원으로 사용되던
낡은 공간을 과감히 떨쳐내고
대규모 화훼 단지로 새로이 문을 열었다.
깔끔하게 새로이 조성되었을 뿐만 아니라
시립미술관, 타이베이 스토리하우스 등
각종 박물관이 다수 모여 있어
다양한 문화적 욕구를 충족시킬 수 있다.
어둠이 내리면 반짝반짝 빛을 내며
경쾌하게 돌아가는 회전목마가 있는 곳이니,
남녀노소 누구나 이곳을 찾는 데는 이유가 있다.

위안산 역 지하철 출입구를 나오자마자 가장 먼저 마주하게 되는 대형 모자이크 벽화. 엑스포가 개최되었던 장소이니만큼, 말끔하게 가꾼 주위 환경이 돋보인다.

2010년, 타이베이 국제 꽃 박람회Taipei international flora expo가 성대하게 열린 이래로, 위안산 역은 새로운 활기를 얻었다. 엑스포 공원과 지척인 거리에, 엄청난 규모의 문화공간인 마지 스퀘어MAJI square가 본격 가동하기 시작한 것. 도쿄, 마드리드, 파리 등 각국의 푸드 마켓을 참고하여 구상했다는 공간과 보기 좋게 꾸민 숍들이 어른이며 아이 할 것 없이 이곳으로 발걸음을 향하게 한다. 이곳의 명칭을 타이완식으로 표기하자면 "集食行樂"인데, '먹을 것이 모였고 즐기러 가자'라는 뜻이니, 이곳에 이보다 더 잘 어울리는 이름은 없을 것 같다.

반가운 간판이 보인다. 유명 베이글 집 하오추. 매일 매장에서 직접 굽는 베이글이 다 떨어지면 영업 종료다. 옆에는 하오추와 붙어다니는 미도리 아이스크림이 있다.

큼직한 규모로 자리잡은 덕분에 멀리서도 한눈에 들어오는 마지 스퀘어에는 소규모 상점들과 먹거리 부스들이 입점해 있다. 공예 작가들이 모여 광장 안에 복합문화공간을 형성한 곳인데 외부 공간임에도 불구하고 비바람과 햇볕에도 구애받지 않도록 잘 조성되어 관람객들의 호응을 얻었다.

광장 안에는 유명한 베이글 전문점인 하오추와 대형 델리숍도 크게 자리잡고 있어 늦은 시간 식사를 못하고 이곳을 찾아오게 되더라도 걱정할 필요는 없다. 이곳 델리숍은 특히 오가닉과 슬로 푸드 정신을 지향하는 고품질의 제품들을 취급하는지라 진열장을 눈으로 훑어보는 것만으로도 흐뭇하다.

저녁 시간이 되면 이곳을 오가는 사람들은 조금 줄어들지만,
환히 불을 밝힌 광장은 변함없이 활동을 이어간다.
반짝반짝 조명을 밝히고, 어린 손님을 태우고 빙글빙글
돌아가는 회전목마가 광장에 활기를 더한다.
마지 스퀘어 내에는 어린이 전용 카페가 있어 퇴근 후
딸의 손을 잡고 이곳을 찾아온 젊은 엄마의 휴식 공간
역할까지 해내는 모습을 볼 수 있는 곳이다.
이곳은 시민들과 '함께하며' 생기를 더해가는 공간인 셈이다.
누구라도 편히 와서 즐길 수 있는, 그런 공간.

어린 손님을
태우고
빙글빙글
돌아가는
회전목마

아기자기한 소품을 취급하는 곳에서부터 빈티지 가구
숍까지. 마지 스퀘어 내의 상점들은 하나하나 색깔이
분명하다.

델리숍을 지나 안쪽으로는 마지 아웃도어 마켓MAJI outdoor
market이 본격적으로 펼쳐진다. 디자이너의 핸드메이드
제품들이 유독 돋보이는 공간인데, 그간 벼룩시장 등에서
봐온 상품들보다는 좀더 전문적이고 내공 있는 상품들이다.
의류와 액세서리 판매, 자전거 수리까지……
마지 아웃도어 마켓은 다양한 분야를 아우른다.
더욱 안쪽으로는 대형 레스토랑들이 제법 근사하게
자리잡고 있다. 일본식 꼬치구이 집, 스테이크 전문점,
와인이 구비되어 있는 타파스 바까지!
넓은 공간을 활용해 시원스럽게 야외 탁자들을 배치해뒀다.
저녁 나절 모여앉아 맥주 한 잔 들이키기 그만일 듯한 공간.

125

▲ 예상치 못한 곳에서 반가운 한글을 발견!
이름하여 '빅뱅 떡볶이'. 제법 다양한
메뉴들로 간판을 내걸고 줄지어 선
컨테이너 부스가 재미난 느낌을 준다.

▲ 마지 스퀘어에 입점해 있는 상점들은 제각각
특화된 상품들을 다룬다. 전문적으로
빈티지 가구를 취급하는 곳도 있고,
핸드메이드 제품을 파는 곳도 있다.

▲ 넓은 광장이 시원스럽게 펼쳐진 곳.
컨테이너 부스에서 주문한 음식들은
광장 어디서나 자유롭게 앉아 먹을 수
있다. 시민들의 좋은 휴식 공간이다.

▲ 멀지 않은 거리에 타이베이 시립미술관과
스토리하우스, 원주민 문화관 등 다양한
문화시설이 모여 있어 좋다.

영국식 튜더 스타일 건물은 특유의 색감과 분위기로
운치를 자아낸다. 누구라도 이곳 정원에서 기념사진
한 장을 남기지 않고서는 지나칠 수 없을 것.

'타이베이 스토리하우스'는 오래 전, 개인 소유의 별장이었다가
2003년 박물관으로 새롭게 개관한 작은 고적지이다.
규모 면에서나 기획 면에서나 그다지 큰 볼거리는 없기 때문에
간혹 방문객들의 아쉬움을 자아내기도 하나, 입장료가
비싸지 않은 편이므로 꽃이 만발한 작은 정원에서
쉬어가는 셈 치고 입장해본다.
작은 건물 안은 마치 인형의 집처럼 아기자기한 분위기이다.

반들반들 윤이 나는 마룻바닥이 살며시 삐걱거리고,
누군가의 결혼식을 찍은 오래된 흑백사진이 앳된 신부의
얼굴을 애처로울 만큼 아련하게 남겨놓았다.
협소한 공간이지만 매번 테마를 잡아 갤러리 형식으로
전시를 운영해오고 있는 노력이 돋보이는 곳이다.

바깥 정원은 자그마해도 각종 화초가 오색 빛깔로 만발해
기념사진 촬영 장소로 인기가 많다.
타이베이 스토리하우스 이외에도 모던한 건축디자인으로
시선을 끄는 시립미술관이 지척에 있어, 시간만 여유롭다면
타이베이 예술계의 현재 모습을 만끽할 수 있을 것이다.
매주 토요일마다 무료 강연 및 공연이 열리니
미리 웹사이트 등을 참고하면 좋다.

광장을 가로질러 걷다가 차도 하나만 건너면 '짠' 하고
나타나는 바오안궁의 외관. 멀리서 봐도 정갈하게 정
돈된 느낌이 돋보인다.

화훼 단지와 광장 마켓과는 조금 달리 방향을 잡으면,
위안산 역의 또다른 면모를 경험할 수 있다. 공자의 업적을
기리는 사당인 쿵먀오孔廟와 바오안궁保安宮이 지척이니,
꼭 한번 둘러보자. '완런궁창萬仞宮牆'이라 불리는

붉은색 담장이 보이면 공자 묘에 다다른 것이다.
공자 묘 내부 어느 곳에서도 글자나 문구가 적힌 기둥,
액자 등의 모습을 찾아볼 수 없는데, 이는 감히 공자 앞에서
문장을 겨룰 수 없다는 의미를 담은 것이라 한다.
돌로 만들어진 기둥은 섬세하게 조각된 용이 휘감고 있어
신령한 느낌마저 드는 곳이다. 학업의 성과를 기원하는
많은 이들의 염원을 담아, 매년 '석전제'라는 제례를 치른다.

📍 쉽게 찾아가기!

위안산 역 2번 출구로 나가, 쿠
룬제庫倫街 방향으로 10분 정도
걸으면 바로 도착한다.

바오안궁에 도착한 방문객을 가장 먼저 황홀하게 만드는 건
사원 내부를 은은하게 감돌고 있는 꽃 향내다. 제단 가득
바쳐진 새하얀 재스민 향기가 사원 안을 그득하게
채우고 있어 절로 마음이 편안해진다.
화려하게 금색 칠을 한 조각상이 장식된 기둥의 화려함은
여느 궁궐에 못지않다. 역사 속 '의신'이라
추앙받던 이의 제사를 주관하는 역할을 맡고 있어,
건강과 장수를 기원하는 많은 사람들이 방문한다.
바오안궁은 룽산쓰, 청수엄조사묘와 더불어 타이베이의
삼대사묘三代寺廟로 일컬어지는 역사적인 유적지이기도 하다.

매년 바오안궁에서는 '보생문화제'라는 이름으로
성대한 문화행사를 개최한다. 전통 사자춤에서부터
고전무용, 퍼레이드, 전시회, 의료 상담 서비스까지 그야말로
다양한 프로그램을 한꺼번에 경험할 수 있는 대규모 행사로
명성이 높다. 궁 안은 말끔히 정돈된 정갈한 분위기인데,
바닥에 떨어진 휴지 한 조각 찾을 수 없어 감탄스럽다.
날렵하게 처마 끝이 하늘을 향하고 있는 지붕에는
용과 봉황을 비롯한 각종 신화 속 동물들이
제각기 화려함을 뽐낸다.

카팡궁쮀스 　咖芳工作室

| Caf'e Fan

☎ 02 2598 9728
📍 1F 9 Ln.296, Sec.2 Youhua St,
　Datong District, Taipei city
🧭 台北市 大同區 油化街二段 296巷 9號 1樓
🕐 7days 9:30-21:00

'공작실'이라는 단어가 들어간 이름에서부터 살살 풍겨오는
느낌처럼, 이곳은 소박하기 그지없는 수제 '과자점'이다.
엄지 손가락만 한 타원형 과자는 이 작은 공방에서 일일이
손으로 만들어진다. 색깔별로 사용된 천연 재료의 맛이 선명히
느껴지는데 여간해서는 경험해보지 못한 정직한 맛이다.
겉을 감싼 미세한 가루가 손에 잔뜩 묻어나기는 하지만,
일단 베어 물으면 과자의 바삭하고 폭신한 질감이 뭐라 표현하기
힘들 만큼 가볍고 경쾌하다. 게다가 가게 안을 들어설 때부터
반갑게 인사를 건네며, 기다렸다는 듯 물 한 잔과 시식용 찰떡을
내어주시는 것이 아닌가? 달짝지근하고 시원한 맛……
꾸준히 사랑받는 곳엔 역시 나름의 이유가 있는 법!

▲ 이름처럼 실제로도 작은 '공작실' 같은
소박한 가게라 자칫하다가는 그냥 지나칠
수도 있으니 주소를 잘 확인하고
찾아가도록 하자. 한적한 골목 안쪽에
자리하고 있다.

▲ 가게 안은 가정집을 개조한 듯 소박하고,
조금은 낡은 느낌이다. 꾸밈없이
평범한 실내 모습처럼 과자 역시
정직하게 만드는 곳이다.

▲ 작지만 이미 소문이 자자한 맛집이다.
간판 메뉴인 독특한 식감의 과자도 참
맛있는데, 찹쌀떡 안에 생과일을 통째로
넣은 과일 찹떡 역시 인상적이다.

▲ 한 번 맛보라고 인심 좋게 내어주신
과일 찹떡은 정말이지 '독보적인' 맛!
시원하게 먹으니, 아이스크림을 먹는 듯
식감이 부드럽고 달콤했다.

豆花莊
더우화좡

☎ 02 2550 6898
📍 49 Ningxia Rd, Datong District,
Taipei city
🕐 台北市 大同區 寧夏路 49號
🕐 7days 10:00-25:00

'콩꽃'이라는 본래 의미가 무색하지 않게, '더우화'는
보드라운 식감과 부담없는 담백한 맛이 일품인 간식으로,
때로는 든든한 식사 대용으로의 역할까지 해주는
건강 먹거리이다. 타이베이 시내 관광을 하면서
빙수 한 그릇 맛보지 않는 방문객은 분명 찾아보기 힘들 터.
아직 맛있는 빙수를 먹어보지 못했다면 당장 '더우화좡'을
찾아가보자. 한적한 동네 길목에서 제법 오랜 시간 동안
사랑을 받아온 가게다. 사용하는 모든 재료를 타이완에서
재배한 좋은 것들을 가져다 쓰는 것에 자부심을 느끼는
가게이기 때문에 일단 믿고 맛볼 수 있는 '착한 가게'라
하기에 부족함이 없다.

▲ 얼음을 그릇 가득 갈아내 달콤한 시럽
국물(?)을 끼얹어 주는 빙수는 언제 어디서나
좋은 간식거리가 되어준다. 토핑은 원하는
종류만큼 추가가 가능하지만, 보통 2~3가지
정도를 주문해 먹는 것이 일반적이다.

▲ 다양한 토핑들이 준비되어 있다.
달콤하게 조미한 토란, 삶은 땅콩, 팥, 젤리,
새알심 등은 늘 구비되어 있는 편.
위생적으로도 주의를 기울여 믿음이
가는 가게이다.

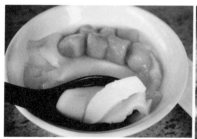

▲ 메인 재료 더우화. 두부는 적당히
달짝지근하면서 담백하다. 타이완산 콩을
이용해 손수 만든다는 두부는 옛날
제조 방식을 그대로 따른 것이다.

▲ 보랏빛 새알심은 토란 가루를 찹쌀에
섞어 함께 빚어낸 것. 쫄깃하면서
은근한 토란의 풍미가 느껴진다.

復興崗

奇岩

北投
베이터우 역

○
단수이 선

지하철을 타고 그대로 외곽으로 달리면,
따끈한 노천 온천 탕에 몸을 푹 담글 수 있다니
매력적인 경험이 아닐 수 없다.
녹음이 우거진 길을 따라 걷다가,
옛날식 목욕탕 건물이 나오면 들어가
구경해보고, 친환경적이고 과학적으로
설계된 도서관에서 주민들과 함께
독서 삼매경에 빠질 수도 있다니,
이곳은 과연 도심 속 공간일까
자연 속 공간일까.

베이터우 지역은 이미 오래 전부터 타이베이 온천 문
화의 역사를 이어온 곳이기도 하다.

신베이터우 역이 새로 개통되면서부터 베이터우에 위치한
목욕탕들은 더욱 분주해지기 시작했다. 단수이 선에도 기존의
베이터우 역이 있고, 실상 두 역 사이의 거리는 그리 멀지 않으니,
상황에 따라 어느 역을 이용한다 해도 베이터우를 찾아갈 수
있게 되었기 때문이다. 마을을 가로질러 흐르는 얕은 개울물과
마을 가득 우거진 녹음. 그리고 옛 건물들의 모습을 최대한 살려
보수한 각종 박물관 등이 곳곳에 있는 덕분에, 목욕 이외의
즐거움을 찾아보기에도 어려움이 없는 곳이다.
10~11월 사이에는 '핫 스프링스 페스티벌Hot Springs Festival'이
개최되어 더욱 분주해진다.

제법 한가로워 보이지만, 주말이면 이미 지하철역에서
부터 나들이 인파로 북적거려 활기가 넘친다.

메인 스트리트 중간쯤 위치한 노천 온천 탕은 소정의
입장료만 내면 누구나 들어가 즐길 수 있다. 하지만 이곳은 사실
온천수가 유독 뛰어나다거나 최신식 시설을 갖추고 있는 곳은
아니므로 짧은 휴식을 즐기고 나와 일대를 구경하는 것도
베이터우의 풍취를 즐기는 좋은 방법이다. 마을 내에
호텔이나 게스트하우스가 많기 때문에 이곳에서 하룻밤을
보내는 관광객들도 제법 많다.
한때 동아시아 최대 규모였다고도 하는 공공 목욕탕 건물은
근래 '베이터우 온천박물관北投溫泉博物館'으로 새단장을 마쳤다.
외벽의 빨간 벽돌만큼은 옛모습 그대로인 듯하다.

일본의 유명 온천을 본떠 설계한 곳이라더니 과연,

일본식 다다미가 거실 넓게 깔려 있는 것이 일본 전통악기인

샤미센 소리까지 금방이라도 들려올 것만 같다.

과거 목욕탕으로 사용되었던 아래층은 아늑한 느낌이다.

빛바랜 타일들이 색감을 그대로 간직하고 있어

넓은 창으로 비쳐드는 햇살에 아스라이 빛을 발한다.

베이터우 온천박물관은 방치되었던 옛 건물을, 인근 마을에서

자발적으로 힘을 모아 되살려낸 것으로도 의미가 깊다.

안내를 맡은 친절한 자원봉사자들도 모두 이 지역 주민이라고.

빛바랜
타일들이
색감을
그대로
간직하고 있다.

259
▶▶

어느 누가 도서관이라 짐작을 할까,
초목이 무성하게 감싸고 선 목조건물은 원래부터
이 자리에서 생겨난 듯 자연스럽다.

'베이터우 시립도서관北投市立圖書館'은 이 지역의 명물이다.
'이런 곳에 웬 도서관이?' 싶겠지만 안으로 들어가보면
의외로 자리를 지키고 있는 사람들의 모습이 눈에 띈다.
동네 주민들이 심심치 않게 찾는다 하니, 겉모습만
그럴싸한 홍보용 건물은 절대 아니라는 것.
정숙할 것, 사진 촬영을 자제할 것 등의 당부 문구가
적혀 있다. 베이터우 시립도서관은 지붕 위 태양광 발전을
이용해 친환경적으로 설계되었을 뿐만 아니라 비가 오면

빗물을 모아 정수하여 사용하는 과학적 설비까지 갖췄다.
도서관을 에워싸고 있는 아름드리 나무들이 청량감을
선사하기 때문에 도서관 바깥에서 독서를 즐겨도 좋다.
바로 근처에는 원주민 문화를 홍보하는 '카이다거란 문화관
凱達格蘭文化館'도 있다. 순박한 표정의 남녀 마네킹이 있는
로비를 지나 전시실로 들어서면 타이완 전국에 분포했던
다양한 부족들의 과거 생활과 역사에 관한 정보를 볼 수 있다.
박물관 안내를 맡고 있는 가이드 아주머니의 영어 실력이
유창해 깜짝 놀랐다. 게다가 어찌나 적극적으로 자신의
부족 ―본인도 어느 지역 정통 원주민 출신이라 했다―에 대해
설명하는지, 자부심 넘치는 그 모습이 인상적이었다.

文吉肉羹
원지러우경

☎ 0987 333 512
📍 15 Ln.25, Sec.1 Zhongyang South
　 Rd, Beitou District, Taipei city
📍 台北市 北投區 中央南路一段 25巷 15號
🕐 Tue-Sun 7:00-14:00 • Monday closed

재래시장으로 향하는 발걸음. 작은 골목으로 들어서니,
50년 역사를 자랑한다는 문구가 적힌 현수막이 펄럭인다.
동네 사람들의 꾸준한 사랑을 받아왔다는 오랜 국숫집이다.
손으로 쓱쓱 적은 듯한 정겨운 간판에 적힌 이름.
'러우경肉羹'이란 바깥 부분은 얇은 어묵이고, 속은 살코기와
기름진 고기로 채운 완자를 말한다. 거칠거칠한 나무껍질 같은
독특한 모양새와 쫄깃한 맛으로 타이완 사람들의 사랑을 받는
식재료이다. 열 개 남짓, 뜨끈한 국물 속에 잠긴 러우경과
탄탄한 면발이 어우러져 시골 장터의 푸근함을 재현한다.
지나가는 동네 주민들과 반가운 인사를 나누는
주인 내외의 모습이 제법 친근하다.

▲ 엄마가 훌훌 말아주는 잔치국수 같은
모양새더니, 맛 또한 그러하다. 조미료나
전분 맛 따위 없이 담백하고 깔끔한 국물 맛.
이런저런 고명들을 살짝 얹어준다.

▲ 버섯과 배추를 듬뿍 넣고 끓여낸
국물 맛이 시원하다. 양념한 숙주나물을
데쳐낸 국수와 함께 가득 담으면 완성.
쌀국수로도 주문이 가능하다. 가격은
쌀국수와 일반 국수 모두 50위안.

▲ 고명처럼 몇 점 얹어주는 고기의 식감이
특이하다. 이것이 바로 '러우겅'이다.
국수 면발 역시 제법 탄력이 있어
한 그릇 정도는 순식간에 비우게 된다.

▲ 시장통에 자리한 작은 가게는 말할 것도
없이 수박한 모습. 탁자는 낡았지만
깔끔하게 닦아내고 바로바로 설거지를
마치는 주인 아주머니의 모습이 한결같다.

淡水

단수이 역

○
단수이 선

단수이는 정말이지 매력적인 관광 포인트이다.
탁 트인 잔잔한 강에서 자란 각종
수산물로 튀겨낸 튀김이 거리에 즐비하고,
연인들을 위한 뛰어난 야경이 있을 뿐 아니라
드라마와 영화 촬영지로 유명한
아름다운 학교까지. 이렇듯 다양한 볼거리와
독특한 먹거리가 고루 갖춰진 곳을
지하철만으로 찾아갈 수 있다니!
지하철 종점에서 만날 수 있는,
타이베이 제일의 관광 포인트를 찾아 떠나보자.

143

단수이 역 1번 출구에서부터 출발해서 중산루中山路를
따라가면 그곳이 바로 단수이 라오제老街 거리다. 온갖
종류의 단수이 명물들을 판매하는 가게들이 모여 있다.

일단 단수이라는 곳을 속속들이 만끽하기 위해서는,
편한 신발을 신는 것이 필수다. 잘 정돈된 강가 마을은
구경거리가 풍성해 지치기 전까지 돌아볼 곳이 무척 많기 때문.
단수이 일대는 바다가 지척임에도 비린내가 전혀 느껴지지 않는
깔끔하고 잘 정돈된, 관광 명소이다.
빨간색 노선인 단수이 선을 타고 마음 편히 종점까지 향하면
같은 이름의 단수이 역에 도착. 1번 출구로 나와 왼쪽을 바라보면
바로 그 옆으로 제법 높은 스타벅스 건물이 랜드마크처럼 우뚝
서 있다. 그 바로 옆으로 난 작은 골목길을 따라 들어가면,
그곳이 단수이 라오제의 시작, 여정의 시작이다.

소박하지만 깔끔한 마을, 단수이. 곳곳에 자리한 유서
깊은 장소들보다도 오가며 마주치는 소소한 풍경이 더
매력적으로 느껴지는 곳이다.

라오제를 따라 걸으며 양쪽으로 늘어선 무수한 가게들을
하나둘 눈으로 훑는다. 작은 규모일지라도 명성 높은 오랜
가게들이 많은 까닭이다. 웨딩 케이크를 전문으로 구워내
인기를 얻은 베이커리, 새우살을 얇게 말아 튀겨내는 꼬치집,
눈처럼 새하얗고 동그란 어묵 더미 등 명성이 자자하지만
여행자에겐 생소한 풍경들이 여기저기 흩어져 있다.
오전 시간인지라, 부지런히 유탸오를 튀겨내는
아주머니의 손길이 날래다. 가늘고 긴 반죽이 솥 안에서
순식간에 빵빵하게 부풀어오르며 노릇해지는 모습은
보고 또 보아도 질리지 않는 재미난 구경거리다.

특히 이곳에서는 수산물을 이용해 가공한 식품들이 눈에
들어온다. 참 믿음이 가는 게, 아주 작은 가게에서조차 판매중인
식품을 직접 만드는 모습을 생생하게 볼 수 있기 때문이다.
라오제 어디를 가나 심심치 않게 볼 수 있는 '새우깡' 과자 역시
한 김 식혀 포장 봉투에 좌르르 담고 있는 모습을 쉽게 볼 수 있다.
그 모습을 보면 나도 모르는 사이 새우깡 한 봉지를 집어들고 있다.
단수이의 또다른 명물이라는 "아이언 에그Iron Egg".
달걀이나 메추리알을 특유의 방법으로 단단하게 조미한 것인데,
호감이 가지 않는 까만 겉모습과는 달리 '맥반석 달걀맛'이 난다.

모르는 사이
새우깡
한 봉지를
집어들고
있다.

갑갑한 시멘트 담벼락은 찾아볼 수 없다. 적당한 높이의 돌담과 붉은빛 담장, 우거진 큰 나무들이 산책을 더없이 기분 좋게 만들어준다.

단수이 역 부근에는 곳곳을 오가는 버스들이 즐비하지만,
군이 버스 신세를 질 필요는 없을 듯하다. 천천히 산책한다는
기분으로 길을 따라 걸어도, 지칠 만한 코스는 별반 없기
때문이다. 인기를 얻었던 한 영화의 배경이 되었던 학교로
향하는 길은 고즈넉하고, 예쁜 벽돌담과 나무들이 가득하고,
공기는 상쾌해서 콧노래가 절로 나올 정도이다.
단수이 지역에는 오래 전 스페인과 네덜란드의 침략을 연달아
받았던 탓에 유럽식 건물들이 곳곳에 남아 있다. 특히
전리제眞理街 부근에 옹기종기 모여 있어서
길을 따라 걸으며 차례차례 돌아보기에 좋다.

단수이 단장 중고등학교淡江高級中學는 말할 수 없이 조용하다.
한창 학생들이 수업을 듣고 있을 시간이지만 관광객의
발걸음을 굳이 막지 않는다. 교실 창문 밖으로 수업에 한창인
학생들의 머리가 설핏설핏 보이던 것도 잠시, 쉬는시간
종이 울리자 앳된 얼굴의 학생들이 삼삼오오 무리지어
밖으로 나온다. 방문객의 카메라가 낯설지 않은 듯
거리낌 없이 뛰논다. 한 폭의 그림같이 비현실적으로
줄지어 선 야자수들, 그 가운데로 역시나 비현실적일 정도로
예쁘게 지어진 옛날식 건물이 참 단아해 보여,
이곳에서 공부하는 학생들에게 질투 어린 시선을
보내고 만다. 정말이지 매력적인 곳이다.

타이완에서의 선교 활동을 위해 평생을 바친
마세 박사의 공덕을 기리기 위한 조형물.
시내 곳곳에 오랜 유적지가 많아 산책하기 그만이다.

그림처럼 예쁜 학교 말고도, 이전 세대의 역사적 사실을
그대로 간직한 유적지가 많다. 슬슬 걷다보면,
스테인드 글라스가 인상적인 예배당도 등장하고
외국인 묘지, '산토 도밍고St. Domingo'라는 이름을 가진
빨간 건물도 등장해 잠시 시간 여행을 떠나게 한다.
각 건물 안내원들의 친절에 감동해, 꼼꼼히 둘러보지 않고서는
밖으로 나갈 수가 없을 것 같다. 안내원들은 건물의 특징,
역사적 사실 등을 차근차근 설명해준다.

당시의 실내 풍경을 재현해놓은 방은 앤티크 소파와
빅토리아풍 찻잔 세트로 인해 식민지 시대의 향취가 물씬
풍긴다. 또 윌리엄 모리스William Morris 스타일의 세부 장식과
화려한 페이즐리 무늬 등을 아낌없이 사용해
관람객들의 찬탄을 자아내기도 한다.

고적 탐사(?)를 끝내고, 돌아오는 길에는 라오제 건너편,
강변도로를 따라 걸으며 단수이의 새로운 분위기를
즐겨보기로 한다. 강을 따라 끝까지 올라가면 후웨이滬尾
항구가 나오는데, 이곳은 아직까지도 여전히 소박한 동네의
일면을 엿볼 수 있는 곳이다. 강변도로에서 가장 눈길을
끄는 것은 각종 튀김이 한가득 들어 있는 사발면만 한 튀김 컵!

단수이 강을 마주보고 선 가게들은 대부분 간이식당
들. 다양한 메뉴들이 대부분 비슷한 가격대를 형성하
고 있으니, 마음에 드는 곳을 골라보자.

새끼 손가락만 한 작은 새우, 껍데기째 통째로 튀겨낸 게,
굵다란 버섯 등 다양한 먹거리들을 용기에 담아 판매하는데,
가장 인기 있는 품목은 역시나 '대왕 오징어' 튀김이다.
썩둑썩둑 가위로 잘라 내어주는데, 조각 하나가 입안을
가득 채울 만큼 큼직하다. 그 맛이 참 고소해서 배가
불러오는데도 계속해서 손이 간다. 그밖에도 얼굴보다
커다란 크기로 납작하게 튀겨내는 닭튀김, 30센티미터
높이에 달하는 소프트 아이스크림 등 제법 익숙한 음식도
보이니 그 모습이 자못 정겹다. 강 너머로 석양이 물들어가기
시작한다. 가족 혹은 연인의 손을 꼭 잡고 산책을
마무리짓는 사람들의 그림자가 차차 길어져간다.

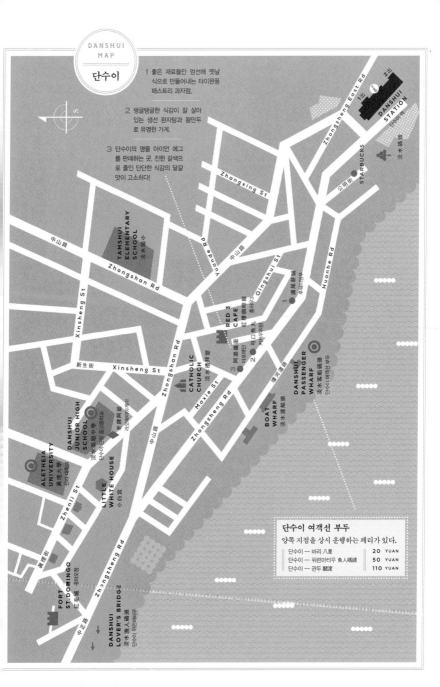

DANSHUI
MAP

단수이

1 좋은 재료들만 엄선해 옛날 식으로 만들어내는 타이완풍 패스트리 과자점.

2 탱글탱글한 식감이 잘 살아 있는 생선 완자탕과 왕만두로 유명한 가게.

3 단수이의 명물 아이언 에그를 판매하는 곳. 진한 갈색으로 졸인 단단한 식감의 달걀 맛이 고소하다!

Zhongzheng East Rd

DANSHUI STATION
1출구
2출구

STARBUCKS
淡水捷運
公明街

Zhongxing St

中山路

中山路

TAMSHUI ELEMENTARY SCHOOL 淡水國小

Zhongshan Rd

Yuoude Rd

Qingshui St

Huanhe Rd

Xinsheng St

RED 3 CAFE 紅樓咖啡館

滬尾偶端 숙루마터우

1

Xinsheng St 新生街

Zhongshan Rd

CATHOLIC CHURCH 淡水禮拜堂

Maxie St

阿婆鐵蛋 아포테단

2 可口魚丸 큐커우위완

3 커두어우팡

Zhongzheng Rd

淡河渡路

DANSHUI PASSENGER WHARF 淡水客船碼頭
단수이 여객선 부두

DANSHUI JUNIOR HIGH SCHOOL 淡水國中 단수이준중고등학교

중부위원
리강해야카이

Zhenli St

BOAT WHARF 淡水渡船場

ALETHEIA UNIVERSITY 真理大學 진리대학교

LITTLE WHITE HOUSE 小白宮

中山路

Zhongzheng Rd

FORT ST.DOMINGO 紅毛城 홍마오청

Zhenli St 真理街

中正路

DANSHUI LOVER'S BRIDGE 淡水漁人碼頭
단수이 위런마터우

단수이 여객선 부두

양쪽 지점을 상시 운행하는 페리가 있다.

단수이 — 바리 八里	20 YUAN
단수이 — 위런마터우 魚人碼頭	50 YUAN
단수이 — 관두 關渡	110 YUAN

라오파이아게이

老牌阿給

··················
☎ 02 2621 1785
📍 6-1 Zhenli St, Tamshui District, Taipei city
🗺 台北市 淡水區 眞理街 6-1號
🕐 7days 5:00-15:00

단수이를 방문했다면, 꼭 한번 들렀다 가야 할 유명한 가게.
포장을 해가는 손님들이 많아 종업원 아주머니의 손놀림이
착착착, 예사롭지 않다. '한 그릇이요.' 주문을 하기가 무섭게
선명한 주홍색 그릇에 어른 주먹만 한 덩어리 하나를
척, 담는다. 한눈에 정체를 알아보기 힘든 각종
채소 덩어리였다. 옆자리의 모녀를 보니 이 덩어리를
힘있게 휘저어, 안쪽의 당면을 꺼내 다시 겉부분의 채소와
홀홀, 섞더니 맛깔나게도 먹는다.

'아게이'는 유부 속을 파내 그 안에 당면을 채운 뒤
갈아낸 생선 살과 뒤섞어 쪄낸 특색 있는 먹거리이다.
처음 맛보는 색다른 맛이 바로 여행의 묘미 아닐까?

▲ 큼직한 용기 가득히 소스가 준비되어 있는데, 굳이 소스를 추가해 먹을 필요는 없을 듯하다. 소스를 더 넣으면 매운 맛보다는 오묘한 향이 추가되기 때문. 담백하게 즐기는 편이 더 낫다.

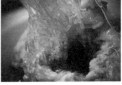

▲ 내어준 그릇에는 달랑, 오로지 '아게이' 덩어리 하나뿐. 대신, 크기가 제법 큼지막하다. 젓가락으로 속을 살살 헤치면, 투명하고 쫄깃한 당면 사리가 가득하다. 면발은 이루 말할 수 없이 쫄깃하고 간도 잘 배어 있다.

▲ 이 식당은 유적지로 향하는 언덕배기 코스가 시작되는 길 초입에 위치해 있다. 아게이 한 그릇을 든든하게 먹고 나와 단수이 산책을 시작해본다.

▲ 이 간판을 보고 들어가면 된다. 주위에 엇비슷한 모습을 하고 '내가 원조요' 외치는 간판을 단 다른 가게는 없으니, 엉뚱한 가게와 헷갈릴 일은 여간해서는 없을 것이다.

커커우위완

可口魚丸

....

☎ 02 2623 3579
📍 232 Zhongzhong Rd, Tamshui
District, Taipei city
🕐 台北市 淡水區 中正路 232號
🕐 7days 8:00-20:00

라오제에는 단수이의 특성을 반영한 다양한 먹거리들이
줄지어 있다. 그중에서 이른 아침부터 문을 열고 국물을 팔팔
끓여 손님 맞을 준비를 하는 부지런한 가게가 눈에 띄었다.
나이 지긋한 노부부가 운영하는 이 '어묵탕' 가게는 단출한
탕이 유명하다. 만두 또한 입소문을 타서 손님들이
끊임없이 오가며 포장되어 있는 만두를 사 간다.
새하얀 어묵은 담백한 생선 살을 직접 갈아 만든다.
이곳 어묵은 우리나라 보통 어묵처럼 별다른 속이
들지 않은 형태가 아니라, 어묵 가운데에 돼지고기를 넣어
만두처럼 빚어냈다. 아주머니의 표정에도 가게에 대한
자부심이 가득하다.

📍 쉽게 찾아가기!

단수이 역 1번 출구로 나가서
왼쪽을 바라보면 큰 스타벅스
건물이 보인다. 건물 바로 왼
쪽으로 난 길이 단수이 라오제
(중정루中正路)이다. 거리 가운
데쯤 위치해 있다.

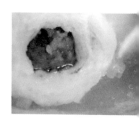

▲ 새하얗고 오동통한 어묵들은 손수 빚어
만든다. 탕 한 그릇을 주문하면
오로지 작은 만두 세 개와 어묵 여남은 개,
깔끔한 국물만 부어 내어주는데도
그게 또 자꾸만 생각나는 맛이다.

▲ 가게 한편 탁자 위에 가득 쌓인 왕만두들은
굉장히 많아 보이지만 이내 모두 팔려나간다.
어쩐지 만두 속이 참 맛깔난다 싶더니만,
현지인들 사이에서 인기 만점인 가게.

▲ 가게 한쪽에서 바로바로 만두를
빚어내는 아주머니들. 탕에 넣는 만두는
아주 얇은 피에 돼지고기 소를 소량 넣어
만든 것으로, 별다른 재료를 가미하지
않았음에도 불구하고 참 맛있다.

▲ 소시지처럼 포동포동한 어묵들과
든든한 왕만두의 조합. 한 끼 식사로도
충분할 듯하다.

紅樓 3
홍러우 3

| Red 3 cafe

☎ 02 2625 0888
📍 3F 6 Ln.2, Sanmin St,
　 Tamshui District, Taipei city
🗺 台北市 淡水區 三民街 2巷 6號 3樓
🕐 Sun-Thu 11:00-22:00 / Fri-Sat 11:00-23:00
🏠 www.rc1899.com.tw

좁고 가파른 돌계단을 따라 올라가면, 거짓말처럼
웅장한 벽돌 건물이 나타난다. 음악당만큼이나 큰,
붉은 건물 꼭대기에서 푸짐하게 내오는 스테이크와
스파게티, 와플 세트 및 각종 음료들을 골라
즐길 수 있는 곳이다.
단수이의 한가로운 풍경을 한눈에 내려다보며
감상하는 것은 덤. 한 층 전체를 오롯이 레스토랑으로
사용하는 터라, 넓은 공간에 여유롭게 좌석이 배치되어 있다.
종업원들의 빠른 응대 또한 만족스러운 편이다.
이 건물은 과거 대부호가 개인용 저택으로 지은 건물로서,
100년 전 모습을 그대로 잘 간직한 고적으로 사랑받고 있다.

▲ 와플의 맛이 다 '거기에서 거기'라지만
갓 구워낸 따끈하고 두툼한 와플에
생크림을 듬뿍 발라 먹으니
커피와의 궁합이 나무랄 데 없다.

▲ 오래된 건물을 그대로 보수해 사용하는
홍로우 건물. 1, 2층은 타이완풍 느낌을
잘 살린 전통 식당으로 사용되고,
3층에 서양식 카페가 자리하고 있다.

▲ 100년 역사를 자랑하는 홍로우 전경.
건물을 떠받친 기둥 하나에는
'1899'라고 설립 연도가 선명히 적힌
명판이 있다. 밤에는 반짝반짝 조명이
켜져 더욱 아름답다.

▲ 언덕배기에 있는 탓에 멀리서 간판만 보고
지나쳐가는 사람들도 많은데,
단수이 전경을 편안히 감상할 수 있는
좋은 휴식처이니 꼭 계단을 올라보자.

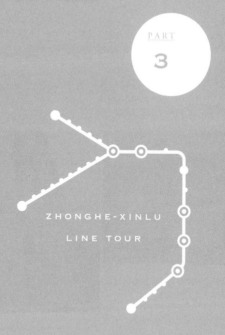

타고서

중허-신루선

ZHONGHE-XINLU

LINE TOUR

新蘆線
中和
신루선
중허

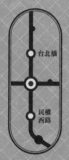

大橋頭

다차오터우 역

○

중허-신루 선

디화제 시장은 신기하게도, 방문할 때마다
자신이 가진 새로운 얼굴을 드러내 보인다.
생선알, 말린 고기 가루, 샥스핀 등 이색 상품들을
판매하는 오래된 가게들이 꾸준히 한자리를
지켜왔는가 하면, 영험한 효력을 발휘한다는
성황묘城隍廟가 시장 가운데에 턱, 있으며
아티스트 공방이 속속 들어서고 있기 때문이다.
오래된 겉모습과는 달리, 봐도 봐도 질리지 않는
자신만의 다채로운 매력을 만들어가는
디화제를, 다시 찾는다.

처음 디화제 시장 입구에 도착했을 때 절로 드는 생각
은, '이곳, 영화 세트장인가?' 그만큼 옛 모습을 그대로
간직한, 회색 빛깔 구식 건물들.

다차오터우 역 근처에 자리한 디화제迪化街 시장은 참으로
흥미로운 곳이다. 이 거리에 들어서면 마치 타임머신을 타고
잠시 다른 시대로 이동한 것 같은 느낌이 훅 끼쳐오니 말이다.
룽산쓰 옆 '보피랴오 거리'처럼 굳이 일부러
그런 분위기를 조성한 것이 아님에도 불구하고 옛 모습 그대로,
낮은 채도의 건물 무리가 일렬로 들어서 있는 것이다.
이 거리 전체가 그야말로 장중한 '앤티크' 그 자체다.
거리 입구에서 가장 먼저 시선을 사로잡는 것은 말린 생선알을
전문으로 팔고 있는 가게들. 아이 팔뚝만 한 굵고 검붉은
생선알 가공품들이 간판이며 진열대를 가득 채우고 있다.

거리 초입에 생선알을 취급하는 가게가 많다. 외국인 관광객에게 구입은 요원한 이야기이지만, 가게마다 다른 간판, 홍보물 등을 구경하는 재미가 있다.

비단 생선알뿐이랴. 타이완의 모든 '건조 식품'들은
이곳에서 한눈에 다 살펴볼 수 있을 듯하다.
김칫독만 한 플라스틱 '대야'에 가득 담아두고 판매하는
해바라기 씨, 검은쌀, 찹쌀 등 각종 곡물을 비롯해
구아바, 망고, 키위, 동글동글 포도알 같은 룽옌龍眼……
그야말로 없는 게 없는 종합 전시장이다.
물론 깨끗하게 포장되어 회사 로고를 부착한 채 나오는
기성 제품들도 종류를 헤아릴 수 없을 만큼 많다. 큼직한
플라스틱 통에 물건을 담았다가 무게별로 가격을 매기는
작은 가게가 정감 있어 보여 주전부리를 조금 구입한다.

하릴없이 거리를 걷다가, 문득 고개를 들어 머리 위를
올려다보자. 층층이 벽돌을 쌓아올려 만든 건축물들은
우리나라에서는 이미 역사의 뒤안길로 사라진 지 오래이므로
이런 풍광들이 생소하면서도 못내 정겹고 소중하게
다가올 것이다. 세월의 무상함이 멈춰버린 듯
남아 있는 옛 건물들이 빛바랜 덩치를 뽐낸다.
디화제는 대형 시장이기는 하지만 여느 장터처럼 정신없이
붐비는 것도 아니고, 지붕이 드리워진 아케이드를 따라
상점들이 이어져 있기 때문에 구경하기에도 좋다.

세월의
무상함이
멈춰버린 듯
남아 있는
옛 건물들

빈티지한 꽃무늬가 수놓인 양철 깡통 위
색색의 주전부리들이 따사로운 햇살에 반짝이는 오후,
주인 아저씨는 시름에 겨워 계실까.

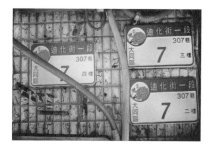

곧게 나 있는 큰길을 따라 걷다보면, 일면
새로운 모습의 디화제 상점들이 하나둘 나타나기 시작한다.
다다오청大稻埕으로 이어지는 긴 거리 곳곳은 현재
소규모 아트 신의 무대가 되어가는 중이다.
곳곳의 상점들에서 보기 좋게 현대적 감성으로 디자인한
'디화제 상점 지도'까지 무료로 배포하고 있다.
여태껏 보아온 구식 건물들 사이사이에 숨어 있던
작은 가게들이 제 장기長技를 드러내 보이는 중인 셈이다.

앙증맞은 베이커리, 다디단 타이완산 '몽키 바나나'를
테마로 삼아 각종 과자와 음료를 직접 제조해
판매하는 가게, 공정무역 상품만을 취급하는 식재료
판매점 등 새로운 움직임을 표방하는 젊은 무리들이
이곳에 속속 둥지를 틀고 있다.

손으로 엮은 대나무 바구니를 판매하는 오래된 상점과
전설 속 월하노인에게 좋은 인연을 갈구하는 사당,
백 년 전 건물에서 손으로 내린 커피를 마시며
여운을 곱씹을 수 있는 카페…… 이 모든 것이 동시에
공존하는 이곳이, 오늘날의 디화제이다.

小藝埕
Art Yard
샤오이청
(아트 야드)

| Art Yard

☎ 02 2552 1321
📍 1 Ln.32, Sec.1 Dihua St, Song-
 shan District, Taipei city
♂ 台北市 大同區 迪化街一段 32巷 1號
🗓 7days 9:30-19:00
🏠 www.artyard.tw

디화제 낡은 건물 안, 소박한 겉모습과는 달리
화사한 분위기의 가게가 자리잡고 있다.
디화제 메인 스트리트에 위치한 'A.S Watson & Co' 건물로 쏙
들어가보면, 이곳은 다양한 아티스트들의 집결지.
'아트 야드Art Yard'라는 이름으로 하나의 예술 공동체를 이룬
이곳에는 복고 서점 '1920s'가 자리를 잡았고, 방문객들의
흥미를 끄는 잡화류가 가득한 '인블룸inbloom'이 위치하고 있다.
새나 잎사귀를 모티프로 삼아 현대적 감성으로 패턴화한
패브릭 제품들이 눈에 쏙쏙 들어온다. 타이완 대표 먹거리를
일러스트로 그려내 프린트한 젓가락 주머니, 냄비 장갑 등도
저절로 지갑을 열게 만드는 장본인이다.

▲ 심플한 패턴과 독특한 색 조합으로
현대적 감성을 잘 담아내 기념품 삼기에도
좋은 물건들. 가방이나 책 커버,
테이블 매트 등 실용성이 높은 제품들이
대부분이다.

▲ 복고 서점 1920s는 역사와 예술에 관한
옛날 서적들을 주로 다룬다.
서점 한쪽으로는 작가들의 그림이나
아트 오브제들을 취급하고 있어
볼거리가 많다.

▲ 일반 서점에서 쉬이 보기 힘든 정기
간행물이나 예술 전문 도서가 많다.
1920s는 inbloom과 나란히 공간을 트고
좋은 공생관계를 유지해나가고 있다.

▲ 타이완의 '레트로' 감성을 물씬 담은
엽서도 빈케한다. 다양한 일러스트들은
소장 가치가 충분하다.

간판이 영 눈에 띄지 않아 알고 찾지 않는 한 찾아가기
힘들지만, 낡은 건물 2층으로 올라가보면 '이런 곳에 이
런 카페가?' 싶은 비밀스러운 장소가 나타난다.

2층, 작은 나무 문을 살짝 밀고 들어가면, 커피 맛에
일가견 있는 카페 '루궈爐鍋'가 손님들을 반가이 맞는다.
3층은 전시와 비정기 공연이 이루어지는 스튜디오로
이용된다고 하니 바야흐로 책, 커피, 예술 삼박자가 모두
갖추어진 셈이랄까.
타이완의 미래가 밝다고 느낄 수밖에 없는 까닭은,
이렇듯 과거의 흔적을 소중히 여기며 자부심을 느끼는
동시에 그 안에서 새로운 것, '타이완적인' 것에 대한
새로운 시도를 멈추지 않고 있기 때문이다.
소박하지만 꾸준히 자신의 일을 해나가는 사람들,
한결같음을 사랑하는 이들에게서 배울 점이 많을 듯하다.

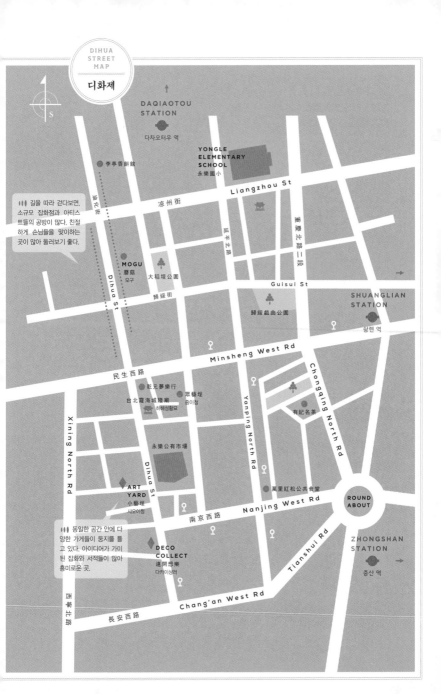

DIHUA
STREET
MAP

디화제

DAQIAOTOU
STATION
다차오터우 역

YONGLE
ELEMENTARY
SCHOOL
永樂國小

李亭香餅館

凉州街 Liangzhou St

⑪⑪⑪ 길을 따라 걷다보면,
소규모 잡화점과 아티스
트들의 공방이 많다. 친절
하게 손님들을 맞이하는
곳이 많아 둘러보기 좋다.

MOGU
蘑菇
모구

大稻埕公園

賜緩街

Guisui St

歸緩戲曲公園

SHUANGLIAN
STATION
솽롄 역

Minsheng West Rd
民生西路

乾元夢樂行
台北霞海城隍廟
히해성황묘

恩藝埕
중이청

有紀名茶

Xining
North
Rd
西寧北路

永樂公有市場

Dihua St

ART
YARD
小藝埕
샤오어청

⑪⑪⑪ 동일한 공간 안에 다
양한 가게들이 둥지를 틀
고 있다. 아이디어가 가미
된 잡화와 서적들이 많아
흥미로운 곳.

DECO
COLLECT
遠閣想樂
다카이샹러

萬里紅松公共食堂

Yanping North Rd

Chongqing North Rd

ROUND
ABOUT

ZHONGSHAN
STATION
중산 역

南京西路 Nanjing West Rd

Tianshui Rd

Chang'an West Rd
長安西路

시장에서 만나는 달콤한 간식들

마이야빙 麥芽餠

대형 비스킷 사이에 엿을 늘여내
반죽한 것을 듬뿍 끼워주는데, '뽑기'의
추억이 떠오르는 아련한 단맛이 난다.
작은 크기로 제작해 플라스틱 용기에
담아 판매하는 것이 일반적이다.

빙치린 冰淇淋

이동식 스테인리스 냉장고(?)에서
스쿱으로 큼직하게 퍼주는 아이스크림.
흔한 맛인가 싶다가도 제법 담백하고
색깔별로 차별화된 맛에 은근히
구미가 당긴다.

단쯔빙 蛋仔餠

속에 아무것도 들어 있지 않아 담백한,
메추리알 형태의 풀빵. 갓 구워
따끈따끈한 것을 한 알 한 알 떼어먹는
재미가 있다. 은근히 느껴지는 단맛에
가격도 무척 저렴해 좋은 군것질거리.

더우사빙 豆沙餠

각종 달콤한 앙금이 안에 든 과자다.
보통 무게 단위로 묶어서 판매하는데,
낱개로도 구입이 가능하다. 앙금이 상당히
달며 겉은 꽤 파삭한 편이라 무작정
베어 물다가는 목이 멜 수도 있다.

쥐안빙 捲餠

사실 달콤하기보다는 짭짤한 유의
간식거리인데, 속재료를 조리하는
'손맛'에 따라 맛의 편차가 제법 크다.
간혹 동일한 반죽에 누텔라nutella와 같은
달콤한 속을 넣어주는 가게도 있다.

카오빙 烤饼

풀빵은 풀빵인데, 다양한 형태의 구이 틀을
이용해 재미있는 모양을 만들어내는 통에
유독 어린아이들에게 인기가 많다.
제법 큼직하고 두툼해서, 몇 개 먹다보면
금세 배가 불러온다.

카오빙 烤饼

유에프오UFO 모양을 한 풀빵.
바삭하고 얇게 구워내 빵보다는 오히려
과자의 식감에 더 가깝다. 그중에서도
단팥 소를 넣어 갓 구워낸 것이 참 맛있다.

렌어우가오 蓮藕糕

특이하게 연근가루를 사용해 만든 떡에
녹두, 팥, 검은깨 등의 소를 넣은 것.
쫄깃하다기보다 흐물거릴 정도로
부드럽다. 우리가 흔히 먹는 떡과는 맛이나
식감 면에서 조금 차이가 느껴진다.

탕후루 糖葫芦

주로 딸기나 룽옌, 앵두 등의 과일을 꼬치에
꿰어, 달게 조린 시럽이나 물엿에 담갔다가
굳힌 것. 단맛이 강하고 끈적거리니
주의해서 맛을 보자. 간혹 사과 하나를
통째로 꼬치에 꿴 '초대형 탕후루'도 있다.

뤄보가오 蘿蔔糕

무를 강판에 갈아 부드럽게 만들어
전분과 함께 반죽한 뒤 지진 것.
고소하면서도 짭조름한 맛, 담담한 맛.
입에 넣자마자 스르르 넘어가는 듯한
신기한 식감 탓에 입안에서 금세 사라진다.

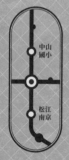

行天宮

싱톈궁 역

중허-신루 선

단지 싱톈궁을 방문하기 위해서라면 굳이
이곳을 찾을 만한 이유는 없는 듯
보일 수 있다. 하지만 타이베이에 온 이상
꼭 한번 방문해볼 만한 가치가 있는,
특별한 이유가 있는 곳이라면 어떨까?
짧은 기간 내에 일정을 마쳐야만 하는
관광객들이 다닐 수 있는 '일정 코스'에 넣기에는
어느 정도 제약이 있을 수밖에 없는 곳이지만,
여유가 있는 어느 날, 한 번쯤,
이런 특별한 곳에서, 일탈을 시도해보자.

지하철역에서 조금 떨어져 있어 버스를 이용하거나
제법 걸어가야 한다는 단점이 있지만, 그만큼의 노력
을 감수할 만큼 충분히 방문해볼 가치가 있는 곳이다.

지하철역에서부터 나와 걷기를 15분 남짓, 생각만큼
그리 큰 건물이 보이지 않는데…… 이 길이 맞기는 맞는 걸까?
슬며시 불안감이 감돌기 시작할 때쯤, 이렇듯 반가운
물고기 친구들이 그려진 파란 건물이 눈앞에 등장한다.
어느 날 우연히 보게 된 타이베이 수산시장 '상인수이찬上引水産'!
특색 있는 내부 모습과 정갈한 스시 한 접시가 찍힌 사진.
으레 수산시장 하면 떠올리게 되는 그런 모습이 아닌,
전혀 뜻밖의 광경을 목격한 이래 이곳을 방문할 날만을
손꼽아 기다렸다. 사진 속 수산시장의 모습은
그야말로 모던하고, 세련된, 파격적인 신세계였다.

수산시장 마당, 넓고 시원한 공간을 차지한 레스토랑
에서 식사를 즐기는 것도 나쁘지 않지만, 일단 건물 안
으로 들어가 구경을 마치면 생각이 조금 달라질지도.

처음 타이베이를 방문한 관광객이라면 찾아가기에
영 녹록지 않은 곳에 위치해 있어서인지 관광객으로 보이는
무리는 눈에 띄지 않았다. 하지만 찾아가기가 그렇게 어려운 것도
아니다. 그냥 역에서부터 큰길을 그대로 따라가기만 하면
큰 무리는 없다. 일단 온통 어두운 건물 안으로 발을 내딛으면,
이곳은 바깥과는 차단된 완전히 새로운 세계다.
큼지막한 킹크랩과 가리비가 헤엄치는 대형 수조,
산처럼 쌓아올린 굴과 각종 조개들이 빼꼼대고 있는 박스 속을
들여다보며 어마어마한 몸집에 감탄하다가, 조금 더
안쪽으로 들어가 또다른 새로운 '세상'을 발견한다.

📍 쉽게 찾아가기!

싱톈궁 역 3번 출구로 나가 쑹
장루松江路를 따라 걸으면 싱
톈궁이다. 우회전해 민취안둥
루얼돤民權東路二段을 따라 걷
다가 공원이 보이면 좌회전해
젠궈베이루싼돤建國北路三段을
따라간다. 5분가량 걸으면 오
른쪽에 파란색 건물이 보인다.
한 블록 안쪽에 위치해 있으므
로 잘 살펴본다.

꼼꼼하고 깔끔하게 포장된 각종 초밥과 말이, 가져가기 좋게
가시를 잘라 포장한 꽃게, 푸딩과 젤리 등 각종 디저트류까지
가득한 진열대가 시선을 사로잡지만, 발길을 향해야 할 곳은
그 바로 옆에 자리한 '즉석 스시 코너'다. 비단 스시뿐만이 아니다.
해산물을 이용한 각종 구이와 탕, 회 모듬 세트 등 메뉴판은
끝도 없이 이어진다. 눈앞에서 바로 쥐어주는 스시를 먹을 수
있는 바bar 형태의 식당이다. 먼저 나온 옆사람의 메뉴를
기대감에 가득 찬 눈빛으로 힐끗거리는 '눈치 보기'가
더없이 유쾌한 곳. 이런 곳을 진작에 알았더라면!

눈앞에서
바로 쥐어주는
스시를
먹을 수 있다.

1 '보기 좋은 떡이 먹기도 좋다'고 했던가.
  음식이 서빙되기 전, 담음새 하나까지 신경써
  핀셋으로 음식의 모양을 가다듬는 어느
  조리사의 모습을 보고나서, 감탄을
  금할 수 없었다.

2 좌석이 따로 있지는 않다!
  바 형태의 긴 탁자 앞에 나란히 서서 주문한
  음식들을 기다린다. 시간이 다소 걸리기는
  하지만 바삐 움직이는 요리사들의 모습을
  구경하다보면 기다림이 그리 지루하지 않다.

3 신선함이 살아 있는, 먹음직스러운 초밥들.
  끝도 없이 써 있는 메뉴판을 해독(?)하는 것이
  관건인데, 좋아하는 생선들의 이름을 미리
  중국어로 적어가서 종업원에게 보여주면,
  무척이나 친절하게 응대해준다.

| 1 | 2 |
| | 3 |

▲ 구이류는 생선을 골라 마릿수를 표기해
  건네주면, 따로 구획된 장소에서 구워서
  가져다준다. 구이답게 기름이 쪽 빠져
  담백하다. 탕류는 가격도 저렴한데다가
  큰 그릇에 뜨끈하게 제공되어 만족스럽다.

'시가市價'를 반영한 메뉴를 주문하지만 않는다면, 가격 대비 만족도가 정말로 높다. 눈앞에서 만들어주는 신선한 스시는 모듬은 물론, 낱개 주문도 가능하다.

높다란 천장에는 '그물'을 모티프로 삼아 만든 조형물들이
조명과 함께 길게 늘어져 있어 수산시장 분위기를 한층 돋운다.
해산물을 전문으로 취급하는 장소임에도 불구하고,
어찌나 깨끗하게 관리하는지 바닥이며 탁자에 떨어져 있는
생선 가시 하나 찾기 힘들었다. 관리 상태가 가히 놀랄 만하다.
실내를 두루 둘러보면, 각종 해산물을 이용한 장류와 소스들,
가공품들도 있고, 한편에는 담당자가 상주하는 와인바와
생활용품 코너까지 있다. 이곳은 분명, 겉멋에만
치중하지 않고, 소비자들의 기호와 편의를 충분히 고려한
매력적인 곳이 맞는 것 같다.

강렬한 붉은색 대문이 인상적이다. 큼직한 대문 안쪽
으로 시민들이 자유로이 오가며 도심 속에서의 평온을
만끽하는 장소이다.

돌아가는 길에는 싱톈궁에도 발걸음해본다.
4차선 널찍한 차도 바로 옆으로 웅장하게 자리잡은 싱톈궁은
새빨간 대문 때문인지, 사원 앞 너른 계단 때문인지
여타 사원들과는 다르게 보인다.
안으로 들어서면, 낮은 담장 너머로 바삐 오가는 차량들과
네온사인 불빛이 딱 '콧등 높이만큼만' 보여 사뭇 색다른
느낌을 주나보다. 그래서인지, 계단에 걸터앉아
생각에 잠겼거나 아예 스케치북을 활짝 펼쳐놓고
이런저런 풍경을 화폭에 담는 데 여념이 없는 사람까지,
다양한 사람들의 모습이 심심찮게 보인다.

특이한 점 또 한 가지는, 사원 내부를 돌아다니는
파란색 의복을 걸친 사람들의 존재이다. 이들은 사원을 위해
활동하는 일종의 자원봉사자로서, 줄을 서서 순서를 기다리는
방문객들의 허리나 어깨를 툭툭 치며 들고 있던 향의 연기를
쐬어주는데, 이는 액운을 쫓고 복을 비는 간단한 의식이라 한다.
싱톈궁은 특이하게도 종교적 필요성에 기반해 자연스럽게
생겨난 사원이 아니라, 어느 한 개인의 강한 의지와
노력의 결과로 근래에 설립된 사원이라고 한다. 한 사람의
염원을 담아 지어진 사원이라니, 놀라울 따름이다.

액운을
쫓고
복을 비는
간단한 의식

忠孝
新生

東門

둥먼 역

○
중허-신루 선

둥먼 역에는 그 유명한, 타이베이를 방문하는
이들이라면 한 번쯤은 들어봤을 법한,
쇼핑과 미식의 거리 '융캉제'가 있다!
국제적으로 분점을 낸 '딘타이펑'의 본점이
있는가 하면, 바삭하고 고소한 부침개를 구워내는
길거리 좌판도 있다. 그 음식 냄새에 이끌려
줄을 길게 늘어선 사람들의 행렬을 만날 수 있는,
망고빙수 가게를 좁은 골목에서만도 몇 군데
발견할 수 있는 활기 넘치는 거리.
둥먼 역의 불빛은, 늦은 밤까지 꺼지지 않는다!

각종 가게와 식당으로 번화한 융캉제이지만, 자그마
한 공원 역시 거리에 자리잡고 있어 시민들의 한가닥
쉼터가 되어준다.

타이베이를 방문하는 각국의 수많은 관광객들에게
융캉제永康街는 이미 필수 방문 코스로 자리잡은 지 오래.
그만큼 둘러볼 것도, 맛봐야 할 것도 많은, 활기찬 거리이다.
둥먼 역 5번 출구로 나와 고개를 돌리면 가장 먼저, 빨간 모자와
앞치마를 갖춰 입은 귀여운 조형물이 관광객을 맞이한다.
우리나라에서도 유명세를 탄 딤섬 전문점 딘타이펑鼎泰豊의
명성이 바로 이곳에서 시작되었다. 맞은편으로는 딘타이펑

못지않게 유명한 식당 가오지高記, 옆으로는 국수인
단짜이몐擔仔麵으로 승부하는 두샤오웨度小月가 자리잡았으니,
시작부터 보이지 않는 승부가 팽팽한 셈이다.

무더운 날씨 탓에, 마실거리 판매가 활발한 타이베이.
시장에서 드르륵 갈아주는 저렴한 생과일 주스들도 이
거리에서는 깜찍하게 변신했다!

길게 늘어선 대기줄은 딘타이펑에 입성하기 위한 필수 과정.
대표 메뉴인 샤오룽바오小龍包는 듣던 대로 얇디얇은 피 안에
가득한 육즙이 잡내없이 고소해 저절로 한 판 더 주문하게 된다.
인기 있는 가게이니만큼 직원들의 응대도 신속하고 친절하다.
샤오룽바오는 시작에 불과하다. 융캉제에는 명성 자자한
망고빙수 체인점 스무시思慕昔와 아이스몬스터ice monster가
서로를 견제하고 있는가 하면, 늘 길게 줄을 서 순서를
기다려야 하는 충주아빙蔥抓餅 가게, 다오샤오몐刀削麵을 이용한
우육탕 가게 등 방문객들의 호기심을 자극하는
각종 가게들이 도처에 있다.

거리 가운데에는 작은 공원도 하나 있어, 관광객들뿐 아니라
현지 사람들도 오며 가며 쉬어가는 분위기이다.
어둠이 내리고, 가게들이 하나둘씩 조명을 밝히기 시작하면,
바야흐로 제2막의 활기가 시작된다. 낮이고 밤이고
불을 밝힌 빙수 가게는 몰려온 젊은이들로 북적거리고,
골목골목에는 유명 브랜드의 체인점에서부터 공정무역 상품
잡화점까지 고루 있으니, 어디든 발 가는 대로 구경하는 재미가
쏠쏠하다. 오랜 구경에 지치면, 거리 한편에서 파는 국수
한 그릇을 후루룩 먹고 힘을 내 다시 거리 탐험을 이어가보자.

낮이고 밤이고
불을 밝힌
빙수 가게는
젊은이들로
북적거린다.

罐子茶書館
관쯔차수관

| Cans Tea House

☎ 02 2321 5201
📍 1F-3F 9 Lishui St, Da'an District, Taipei city
⚲ 台北市 大安區 麗水街 9號
🕐 7days 11:00-21:00
🏠 www.cansart.com.tw

가게 전체를 아우르는 샛노란색 디스플레이가 인상적인,
'차茶'에 관한 도서들을 전문으로 다루는 서점이다.
번화한 융캉제 거리 한가운데에 이렇듯 얌전한 콘셉트의 가게가
있다는 것이 조금은 생소하면서도, 한편으로는 잘 어울린다 싶다.
통일된 색조의 틴tin 케이스들이 보기 좋게 진열되어 있어
구매욕을 한껏 불러일으킨다. 엘리베이터를 타고 2층으로
올라가면 그곳이 정식 '서점'이다.
은은한 색조의 나무장으로 장식된 내부 인테리어가 정갈하다.
타이완에서 발간되는 차 관련 도서들은 죄다 모여 있는 듯,
차에 관련된 책이 정말 많다. 진열대에서 자태를 뽐내고 있는
각종 찻잔과 다기들의 그림자가 책장 사이로 기운다.

▲ 밝은 노란색이 공간 전체에 활력을 준다.
일관성 있는 색조 사용과 서점의 이름을
고유의 타이포그래피로 표현한
로고 디자인이 돋보인다.

▲ 건물 하나를 복합공간으로 사용한다.
1층에서는 차 음료를 판매하고,
2, 3층에 서점을 운영하며
다른 층에서는 소규모 전시 및
다도 교육을 진행한다.

▲ 2층 서점에는 따로 지켜보는 점원도 없어
자유로운 분위기에서 책을 훑어볼 수 있다.
비록 책들을 충분히 읽고 이해할 수는
없지만 서점의 차분한 분위기만으로
바쁜 여정에 쉬어가는 느낌이 들어 좋다.

▲ 각종 차를 고루 갖추고 있다.
가격대가 아주 높은 편은 아니라서,
선물용으로 구입하는 것도 좋을 듯하다.

繭裏子
젠
귀
쯔

| Twine

☎ 02 2395 6991
📍 1F 3 Ln.2, Yongkang St, Da'an
 District, Taipei city
🕓 台北市 大安區 永康街 2巷 3號 1樓
📅 7days 12:00-22:00
⌂ www.twine.com.tw

'공정무역'은 유통 과정에서 대기업의 불필요한 횡포를
걷어내고 생산자에게 그 수익이 직접적으로 돌아갈 수 있도록
노력하는 특정 거래 방식을 말한다. 소외받는 여성들이나
열악한 환경에서 일하는 어린이 등 사회적 약자 계층을 주로
배려하기에 상품들 대다수가 지역적 색채를 잘 반영하고 있다.
물소의 뿔을 깎아 만들었다는 과자 접시, 나무의 결이 그대로
살아 있는 국자 세트, 농사 짓는 모습을 화려한 색실로 수놓은
테이블보 등의 상품들에는 마냥 호감이 간다.
적어도 한 번쯤, 다른 대륙의 어려운 이웃들을 생각하며
소비할 기회를 얻고, 그간의 소비생활을 반성해보는
의미에서도 방문해볼 법한 '건강한' 가게다.

▲ 우리에게는 생소하지만 자신들의 문화에서
흔히 볼 수 있는 동물들의 모습을
형상화했다. 상품 하나하나에서
독특함이 묻어난다.

▲ 일일이 손으로 깎아 만든 동물 모형들,
한 땀 한 땀 손으로 수놓아 완성한
보자기 등 제작자의 수고를
한눈에도 알 수 있는 상품들이 많다.

▲ 아프리카 부족이나 소수민족 특유의
전통 무늬, 색감 등이 잘 드러나는
점은 공정무역 상품의 매력 중 하나.

▲ 세계 각지에서 공수한
다채로운 물건들이 천장까지 가득 차 있다.
'건강한 소비'를 위해 혹시라도 필요한
물건이 있는지 차근차근 살펴보자.

一品山西刀削麵之家

다오샤오멘즈자

이핀산시

....
☎ 02 2394 1351
📍 10-6 Yongkang St, Da'an District,
Taipei city
🕐 台北市 大安區 永康街 10-6號
🕐 7days 11:00-14:00 / 17:00-22:00

빨갛고 긴 간판에 굵직하게 쓰인 가게 이름이 멀리서도
한눈에 들어오기 때문에 헤맬 필요가 없는 곳이다.
조금 이른 저녁시간에 찾았더니 불이 꺼져 있었는데,
잠시 후 다시 방문해보니 환히 불을 밝히고 가게 문도 활짝
열려 있다. 큰 칼로 마치 대패를 밀듯이 면발을 서걱서걱
썰어내는 '다오샤오멘'이 간판 메뉴다. 다양한 메뉴 중
하나를 골라 탁자 위 메뉴판에 표시해서 건네주면 된다.
잘게 썰어낸 생오이와 데친 숙주가 서걱거리며 씹힐 정도로
싱싱한데, 잘 양념된 고기와 두부 토핑과 함께 비벼 먹으니
그 조화가 환상이다. 두툼한 면이 입속을 가득 채우며
꿀떡꿀떡 잘도 넘어간다.

▲ 한쪽에 놓여 있는 작은 접시들에는
국수에 곁들여 먹는 가정식 반찬들이
담겨 있다. 접시 하나당 저렴한 가격으로
맛볼 수 있다. 채소를 가볍게
볶아낸 것이 대부분이다.

▲ 거칠거칠한 질감이 잘 살아 있는
굵은 면의 단면. 잘려나간 면에
양념이 고루 잘 묻어 국수가 훨씬 더
맛있어진다고. 믿거나 말거나.

▲ 단체 손님도, 혼자 온 손님도 편히 먹고
갈 수 있도록 좌석을 배치했다.
탁자 위에 놓인 메뉴판에 빨간색 색연필로
표시해서 건네주면 음식이 나온다.
보통 면과 다오샤오몐 중 선택이 가능하다.

▲ 커튼 너머 주방에서 갓 만들어
뜨끈뜨끈한 국수가 대령된다.
큼직한 그릇에 역시나 큰 국자(?)가
함께 나와 먹기 전부터 흐뭇한 기분.

品墨良行
핀모량싱

| Pinmo Pure Store

☎ 02 2396 8366
📍 10 Ln.75, Yongkang St, Da'an
District, Taipei city
🛈 台北市 大安區 永康街 75巷 10號
🕐 Wed-Sun 13:00-19:00 ● Mon-Tue closed
🏠 www.pinmo.com.tw

핀모량싱은 누군가에게 추천하기에는 잠깐 망설이게 되는
가게이다. 분위기나 상품이 나빠서가 아니라
그만큼 특화된 분야의 상품들만을 가져다둔 조그마한
공간이기 때문이다. 건물들 사이에 살짝 몸을 숨긴 듯,
조용하고 인적 드문 주택가 한편에 이 가게가 있다.
녹슨 철판에 아로새긴 이름. 작은 문을 열고 들어서자,
정면으로 투명한 유리창이 보인다.
소박한 유리등과 종이 상자 등으로 감각적으로 꾸며낸 진열대.
뭐랄까, 군더더기 없이 정수만 모아둔 듯한 느낌이다.
"A gift shop for self"라고 한구석에 조그맣게 써놓은
센스를 보라. 이곳은 진정, 마니아를 위한 아름다운 아지트다.

▲ 골목 안쪽, 외로운 섬 같은 가게.
온라인 사이트에서도 제품을 판매하는데,
사이트 디자인 역시 참 담백하다. 판매하는 것
중엔 감각적인 노트들이 많아 둘러보는
것만으로도 좋은 공부가 된다.

▲ 사무 공간은 숍 바로 옆에 겸했다.
아래층으로 내려가면, 마음에 드는 종이를
낱장으로 구매하거나 재단할 수 있는
페이퍼 래브paper lab 공간이 있다.

▲ 소규모 아트 전시가 진행될 때에는
공간 내 배치를 그에 알맞게 바꾸거나,
관련 소품을 기획해 판매하기도 한다.
공간을 일구는 솜씨가 보통이 아니다.

▲ 다양한 방식으로 제작한 노트들을
판매한다. 하나같이 심플하게
종이 본연의 느낌을 살린 제품들뿐이다.

一針一線 & 來好

이전이샨앤드라이하오

· · · · · · · · · · · · · · ·

☎ 02 3322 6136
📍 1F/B1 11 Ln.6, Yongkang St,
　Da'an District, Taipei city
🛗 台北市 大安區 永康街 6巷 11號 1樓與B1
🕐 7days 10:00-21:30

융캉제에는 그야말로 무수한 가게들이 줄지어 있지만,
정작 '타이완다운' 기념품을 구매하려면 선뜻 손이 가는
물건을 발견하기는 힘들지도 모르겠다.
그런 고민을 단번에 해결해주는 곳이 있으니 다행이다.
자칫하면 지나쳐버릴지 모를 골목 안쪽에 막 자리를 잡아가는
가게가 있다. 화려한 색채로 수놓은 손가방과 지갑 등을 갖춘
1층에서부터 자수 제품이 있는 넓은 지하 공간까지.
꼼꼼한 공간 구성이 돋보인다. 게다가 하나하나 들여다봐도
제법 독특한 디자인에, 어느 것 하나 허투루 가져다놓은 것이
없어 보면 볼수록 믿음이 가는 곳이다. 열쇠고리와 엽서 일색인
선물 고민에 지쳤다면, 망설일 것 없이 이곳으로 발걸음하자.

▲ 어떤 가게의 인상을 결정짓는 건, 어쩌면
참으로 사소한 요소에서 오는지도 모르겠다.
이곳은 손톱만 한 시식용 조각들까지도
이렇듯 일일이 포장해 구비해두었다.

▲ 커다란 유리 통창을 통해 들여다볼 수 있는
안쪽 공간에는 흥미로운 물건들이 가득할 것
같다. 타이완의 감성이 잘 살아 있는 소년
그림이 분위기 메이커 노릇을 톡톡히 한다.

▲ 타이완에서 나는 재료들을 활용해
정직하게 만들어진 식품 모듬.
잼, 꿀, 방부제를 사용하지 않은
말린 과일 등 양질의 상품들을
갖추려는 노력이 잘 보이는 가게다.

▲ 대담한 색채로 자수를 놓은 제품들.
그밖에도 저렴하고 독특한 상품들이
지하에도 다양하게 구비되어 있으니
그냥 지나치지 말고 구경해보자.

신뎬선 타고서

PART

4

XINDIAN LINE TOUR

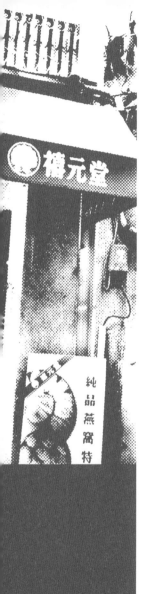

新店線
신뎬선

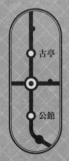

台電大樓

타이뎬다러우 역

○
신뎬 선

깊어가는 타이완의 밤, 타이뎬다러우 역
3번 출구로 나가 오른쪽 큰길을 따라
걷기 시작한다. 야시장 구경을 갈 참.
그러나 마냥 큰길만 따라 걷다가는 유명한
'사대 야시장'을 찾지 못하고 지나칠 수도
있으니 주의! 이 정도면 됐겠지 싶을 즈음
적당히 옆 골목으로 새어버리는 결단력이
필요하다. 밥집들과 옷 가게, 액세서리 상점,
벼룩시장 등이 골목 안을 가득 채우고 있는 것을
발견하는 것만으로 충분히 행복해지는 곳.

무심한 듯 툭툭 놓여 있는 조리 도구들. 야시장의 각
종 먹거리, 볼거리들이 사범대학 뒷골목의 분위기를
완성한다.

시장에 가는 일은 언제나 즐겁다.
특히 '야시장'이라면 그 재미가 두 배는 된다.
늦은 시간에도 야시장을 간다고 신이 나는 걸 보니
여행은 자신이 무얼 좋아하는지를
가장 분명하게 보여주는 행위가 아닌가 싶다.
시간을 들여 사진을 찍고, 줄을 서서라도 맛을 보고,
고민 끝에 손에 쥐어오는 물건들이 모두 '나'다.
타이뎬다러우 역 근처에 위치한 사범대학 근처에는
유명한 야시장인 '스다예스師大夜市'가 있다 하니
밤이 되기만을 기다려 바지런히 발걸음을 향해본다.

저마다의 창작품을 가지고 나와 판매하는 벼룩시장이
한창인 야시장의 한 귀퉁이. 만드는 사람도 고르는 사
람도 설레게 하는 것이 바로 야시장의 묘미.

타이완 여행의 즐거움은 역시 곳곳에 위치한 시장,
특히 야시장에 있었다. 타이완의 밤은
무엇을 상상하든 그 이상으로 즐거울 것이다!
야시장 골목마다 사람들이 모여 이야기를 나누고
그곳엔 새로운 볼거리와 먹거리가 넘쳐났다.
시장 전체가 들썩들썩, 흥이 나는 것이다.
흥이 넘치는 사람들과 시장의 분위기 때문에
어쩐지 타이완의 밤 풍경은 우리나라의 밤 풍경처럼
느껴졌다. 불빛이 반짝이는 밤거리 산책을 좋아하는 이라면
사범대학 야시장을 걷는 일이 충분히 즐거울 것!

하지만 야시장의 가장 큰 즐거움은 뭐니뭐니 해도
다양한 먹거리가 아닐까? 저녁식사로 우육면 한 그릇을
싹싹 비워놓고는, 금방 맞은편 길가에 있는
크레페 가게에 가서 줄을 선다. 사람이 워낙 많이
찾아오는 곳인지 은행에서처럼 순번표를 주고
전광판에 번호를 띄워준다. 묽은 반죽을 팬 위에 붓고
최대한 얇게 펴는 모습은 몇 번을 봐도 신기해서
번호가 울리는 줄도 모르고 구경을 한다.
이렇게 맛있게 익어가는 야시장의 밤!

불빛이
반짝이는
밤거리 산책을
좋아하는
이라면

비드바이포유 타이완

Bidbuy4Utw

....

☎ 02 3365 1558
📍 1F 13 Ln.93, Shida Rd, Da'an District,
Taipei city
🧭 台北市 中正區 羅斯福路3段 316巷 8弄 3號
🕐 Mon-Fri 10:00-21:00 / Sat-Sun 12:00-21:00

비드바이포유는 원래 구매 대행을 전문으로 하는 회사이다.
의류나 화장품 등을 주로 거래하지만, 사범대학 골목에 위치한
이곳은 조금 더 특별한 구석이 있다. 구매 대행 상품 중에서도
'레고'를 집중적으로 취급하는 가게이기 때문이다.
레고 꽤나 좋아하는 이들이라면 이 가게 앞을 절대 그냥 지나칠
수 없을 것이다! 이 숍에서는 브릭 선반과 더미에서 필요한
브릭만 골라서 살 수 있고, 다리와 몸통, 얼굴, 기타 액세서리를
따로 조립해 자신만의 레고 캐릭터를 만들어갈 수도 있다.
무엇보다 벽면에 가득 걸린 캐릭터 레고들이 눈길을 사로잡는데,
스펀지 밥과 심슨 등 애니메이션 시리즈, 아이언맨이나 배트맨 등
할리우드 영웅 시리즈 등이 세분화되어 진열되어 있기 때문!

▲ 모든 레고 브릭을 오프라인 매장에서
직접 보고, 만져볼 수 있으니 레고
수집가들에게는 천국이나 다름없을 것!

▲ 필요한 브릭만 골라서 살 수 있다는 것이
이 가게의 최대 장점이다. 세트에서
잃어버린 브릭이 있다면 필요한 것들만
골라보자.

▲ 스펀지 밥, 심슨, 아이언맨……
좋아하는 캐릭터가 이 레고 숍에
모두 모이는 바람에 지갑은
한층 가벼워졌다.

▲ 수많은 레고 머리와 몸통, 다리를
조합하다보면 그 가짓수는 어마어마하게
많다. 친구를 빼닮은 피규어를 만들어
선물하기에도 제격.

公館

궁관 역

○
신덴 선

궁관 역은 국립 타이완 대학교를 지나는
지점이다. 출구로 나오면 아름드리 야자수가
일렬로 줄을 선 국립 타이완 대학교를 바로
찾아볼 수 있는데 야자수가 무성한
캠퍼스라니, 참으로 이색적이다.
이곳은 대학교 주변답게, 늘 활기가 넘친다.
값이 저렴하고 든든한 한입 먹거리가 곳곳에서
관광객들의 심심한 입을 즐겁게 만들어준다.
학생들의 에너지와 열정을 함빡 느끼러,
궁관 역으로 향한다.

야자수길로 유명한, 국립 타이완 대학교. 초기 일본 제
국에 의해 설립된 학교이지만, 명실상부 타이완 제일
의 명문 대학교이다.

궁관 역은 흔히 일컬어지는 '대학가'이다.
역 바깥으로 나가면, 가장 먼저 눈에 들어오는 것은
바람에 펄럭이는 큼직한 타이완 국기. 국기가 걸린 곳이
국립 타이완 대학교의 정문이다. 캠퍼스 가운데로 난 길은
하늘을 찌를 기세로 높이 솟아오른 야자수들이 줄을 이룬 터라,
길을 따라 천천히 교정을 산책해보는 것도 색다른 경험이 될 것.
농업대 근처에는 직접 사육하는 젖소의 우유를 이용한 유제품을
판매하기도 하는데, 그중 '아이스크림 샌드위치三明治氷淇淋'는
15위안이라는 저렴한 가격에 맛도 좋아 인기.
그 맛이 궁금하다면, 잠시 들렀다 가도 좋겠다.

자유분방하고 조금은 반항적인 언더그라운드 문화의 분위기가 느껴지지만, 골목을 걷다보면 이렇듯 공부하는 학생들의 열정 또한 엿볼 수 있다.

조금만 골목 안으로 들어가보면 떠들썩한 앞쪽 길목과는 달리 금세 고즈넉한 서점, 헌책방, 몇 시간이고 앉아 몰두하기 좋은 카페 등이 모습을 드러낸다. 그런 장소들을 발견해내는 은근한 재미가 있다. 대학가답게, 소신을 가지고 운영하는 중고 서점이나 일정한 테마를 정기적으로 반영하는 책방 등도 있다. 그리고 보니 이 일대는 유명한 '전통 스타일' 고기 버거 가게가 있는 곳이다. 그 바로 맞은편으로는 역시나 유명세로 손님이 끊이지 않는, 타이베이에서 제일 '맛깔나다'는 평을 받은 '천싼딩陳三鼎' 버블티 가게가 문전성시를 이루고 있다.

그저 겉으로만 훑어서는 눈에 잘 띄지 않을지 몰라도,
이곳은 로큰롤 음악과 자유로움을 선호하는 타이완
젊은 세대들의 거리다. 가벼운 주머니, 그렇지만 혈기왕성한
그들의 왕성한 식욕을 달래줄 만한 각종 간식이 즐비한 것은
아마 그래서일지도. 특히나 달콤한 먹거리들이 줄지어 나타나
관광객의 식탐 역시 자극하는데, 다양한 종류와 모양새에
일종의 문화 체험 같다는 생각이 들 정도도.
문득 출출한 기운에, 커스터드 크림을 가득 채워넣은
세모난 풀빵 하나를 베어 물고 다시 골목을 나선다.

로큰롤 음악과
자유로움을
선호하는
타이완
젊은 세대

란자거바오

藍家割包

....
☎ 02 2368 2060
📍 3 Alley8 Ln.316, Sec.3 Luosifu Rd,
　 Zhongzheng District, Taipei city
🕐 台北市 中正區 羅斯福路3段 316巷 8弄 3號
📅 7days 11:00-24:00

근처를 오가는 학생들, 아니 이 근방의 남녀노소 모두
그 '정체'를 알고 있다고 하는 맛집이 있다!
가게 앞에 긴 줄이 생겼다 싶으면, 금세 싹 사라지고
다시 새 줄이 생겨난다. 조리가 오래 걸리는 음식은 아니니,
바쁜 관광객의 일정에는 반가울 수밖에. 산처럼 쌓아올려져
가게 안에서 바로바로 조달되는 빵. 김이 모락모락 오르는
새하얀 반달 빵은 동나는 대로 쌓아올려진다.
그야말로 속전속결! 가게 앞에서 포장해가는 손님이
대부분이기는 하지만 앉아서 먹고 갈 수 있는 실내 공간도
있어 한차례 쉬었다 가기에도 좋다. 손님이 들어와도 크게
신경쓰지 않는 무심함에 도리어 편안함을 느끼는 곳.

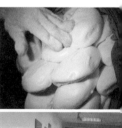

▲ 탁자 위에는 메뉴가 적혀 있는 주문서가
구비되어 있지만, 굳이 살필 것도
없다. 다들 주문하는 메뉴는 똑같으니까!

▲ '비주얼'보다는 맛이다! 다소 시들해 보이는
색감과는 달리, 한 입 베어 물면 부드러운
고기와 갖은 양념, 채소들이 입속에서
어우러진다. 고기는 무척이나 부드러워 씹지
않아도 꿀떡 넘어가고, 우리나라의
'장조림'과 비슷한 맛이 나서 정겹다.

▲ 큰 통에 가득한 소는 정체불명의 채소와
양념으로 범벅이 되어 있지만,
겉모습으로만 판단하지는 말자.
널리 알려진 곳은 다 합당한 이유가
있는 법 아닐까.

▲ 간판에는 나름 구분된 '메뉴'가 있지만,
복잡하게 고민할 것 없이 "반반더半半的"
ㅡ고기 반, 채소 반ㅡ라고 말하면 끄덕이며
포장해준다. 가격은 전 메뉴 동일.

海邊的卡夫卡

하이벤더카푸카

· · · · · · · · · · · · · · · · ·
☎ 02 2364 1996
📍 2F 2 Ln.244, Sec.3 Luosifu St,
　 Zhongzheng District, Taipei city
🧭 台北市 中正區 羅斯福路三段 244巷 2號 2樓
🕐 Sun-Thu 12:00-24:00 / Fri-Sat 12:00-26:00
🏠 http://kafkabythe.blogspot.com

다른 이도 아닌, '카프카'의 이름을 그대로 내세운 카페라니!
이곳은 일본 작가 무라카미 하루키의 소설에서 이름을 따온
곳이다. 솔직히, 이름에 반해서 호기심을 가졌다가 우연찮게
발견한 곳이지만 '색깔 있는' 장소라는 것을 인정해야겠다.
이곳은 카페라는 본연의 기능보다는 타이완 젊은이들에게 있어
언더그라운드 음악의 '보존소' 역할을 하는 곳이다.
각종 비정기 공연과 인디 음악계 소식, 영화 상영 안내 등이
페이스북 페이지에 정기적으로 업데이트되기 때문에
뜨내기 손님보다는 즐겨 찾는 마니아가 많다.
카페 메뉴뿐 아니라 다양한 주류를 판매하고 있으니, 분위기에
취해 깜짝 공연에 함께 어울려보는 것도 색다른 경험일 것.

▲ 좁은 계단을 올라와 문을 열면,
소개하고 싶은 음반들을 올려둔 진열장이
가장 먼저 방문객을 맞이한다.
발매된 지 꽤 시간이 지났음에도 불구하고
멋진 패키지와 독특한 분위기로 시선을 끄는
앨범들이 제법 보인다.

▲ 유명인의 살아생전 모습을 담은 흑백사진
포스터가 여기저기 눈에 띈다.
활기찬 실내 분위기를 차분하게
가라앉혀주는 역할을 담당한 듯하다.

▲ 숨겨진 동굴처럼 실내 분위기는
어두컴컴하지만 이 안에서조차 독서에
몰두한 학생들이 몇몇 보인다.
다소 분주해 보여도 셀프 식수 코너와
냉장고 등은 깔끔하게 정리되어 있어
만족스럽다.

▲ 공연을 위한 디제잉실, 각종 홍보물이 뒤얽혀
넓은 공간이 가득 차버렸다.
감각 있는 사진들과 공연을 알리는 포스터,
위트 있는 낙서 등으로 생동감이 넘친다.

타
이
이
뉴
나
이
다
왕

臺
一
牛
奶
大
王

....
☎ 02 2363 4341
📍 82 Sec.3 Xinsheng South Rd,
   Da'an District, Taipei city
🕐 台北市 大安區 新生南路三段 82號
🕒 7days 10:00-24:00

'대왕'이라는 명칭답게 명실상부 널리 알려져 있는 곳이다.
무려 국내 지상파에서도 방영된 바 있는 명성 있는 맛집.
빙수를 좋아하는 이들이라면, 반드시 들러봐야 할
빙수계의 독보적인 존재라 해도 과언은 아니다.
'진짜 맛있어 잊을 수 없는 맛이로구나!'라고 감탄할 정도까지는

아니지만, 저렴한 가격에 이렇게나 푸짐하게 재료를 아끼지
않고, 또 이렇게나 다양한 종류의 빙수를 골고루 갖추고 있으니
여러 번 방문한다 해도 색다른 기분을 느낄 수 있을 것이다.
더운 날씨에는 제철 과일을 듬뿍 얹어 연유를 끼얹은 생과일
빙수가 날개 돋힌 듯 팔리는데, 날씨가 쌀쌀해지면 달콤한
소가 든 '떡 탕' 또한 즐길 수 있다니 이래저래 찾게 되는 곳이다.

▲ 가게 안에 가득 쌓여 있는 부재료들.
  엄청난 크기의 용기들이 잔뜩 쌓여 있는데,
  이것들이 며칠 만에 전부 동이 난다니,
  그 인기를 실감할 수 있다.

▲ 어떤 꾸밈도 없는 털털한 가게 안은
  늘 다양한 사람들로 만원이다.
  빙수를 사랑하는 타이완 사람들답게
  혼자 오더라도 전혀 거리낄 게 없는
  마음 편한 공간이다.

▲ 푸짐한 양의 빙수로도 유명하지만,
  나이대가 조금 있는 손님들은 의외로
  '떡이 들어간 탕'을 많이 찾는다. 쫄깃한
  흰 찰떡 안에 검은깨로 만든 소가 그득한
  간식거리다. 따뜻하게 혹은 차게 주문해도
  각각의 독특한 풍미가 있다.

▲ 각종 토핑이 들어간 빙수는 재미있게도
  이름조차 '여덟 가지 보물'이라는 의미.
  어딜 가나 빠지지 않는 삶은 땅콩, 녹두,
  팥, 젤리 등이 보석처럼 반짝거린다.

원후선 타고서

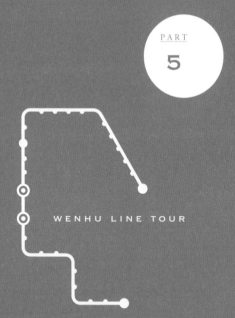

WENHU LINE TOUR

文湖線

원 후 선

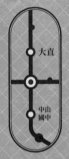

松山機場
쑹산지창 역

○
원후 선

영화 촬영지였다는 어느 카페의 속모습이 궁금해
찾아갔다가, 우연히 그 참신함에 반해
한 차례 두 차례 다시금 방문하게 된 거리.
쑹산공항 근처에 위치한 푸진제는 이제 막
알음알음 그 매력이 알려지기 시작해
개성 넘치는 장소로 거듭나고 있는 '신생'
―그렇지만 반짝반짝 빛나는― 구역이다.
처음 이곳을 방문하는 이들이라면,
작은 골목 입구 하나까지도 놓치지 않도록
눈을 크게 뜨고 탐방해볼 필요가 있다.

오가는 사람들이 많지 않은 한적한 골목에는 고목들이
아름드리 우거져 그늘을 드리운다. 나무들에 가려진
골목 입구를 지나치지 않게 잘 살피자.

푸진제富錦街는 그동안 아는 사람만 조용히 드나들다가,
이제야 몇몇 사람들에게 알려지기 시작한 거리.
슬슬 깨어나보려고 기지개를 켜는, '두근두근한' 느낌이다.
푸진제는 쑹산공항과 매우 가까워서 만일 쑹산공항에서
나가는 항공편을 이용할 경우, 여행 일정의 마지막을
이곳 거리에서 보다 알차게 마무리할 수도 있겠다.
더욱이 지인들에게 건네줄 선물 목록에서 빼놓을 수 없는
펑리수鳳梨酥의 명성으로 쌍벽을 이루는 브랜드 '치아더佳德'와
'써니힐Sunnyhills' 판매 매장이 이곳에서 멀지 않으니,
구경만으로도 반나절이 훌쩍 지나가버릴지 모른다.

주민들이 일상생활을 하는 '보통의 동네'이지만 이렇
듯 럭셔리하면서도 개성 있는 숍들이 속속 등장한다.

특색 있는 소규모 숍들이 모여 있던 홍대 일대, 혹은 삼청동
거리에 큰 자본이 유입되며 나날이 획일화되어가는 모습에
실망해 새로운 동네를 찾아간 것처럼, 이곳 역시 아주 작은
가게들이 하나의 공동체를 형성해 새로운 동네를 원하는
이들에게 쉼터가 되어주고 있다.
도로 자체가 협소한 탓에 길 여기저기에 빽빽하게 주차된
자동차들의 존재가 미워지긴 하지만, 이곳은 여유로운 분위기를
친구 삼아 산책하며 둘러보기 좋은 곳이다.
가게 간판이나 곳곳에 장식된 조각 작품, 무심히 걸린 문패
하나에까지 관심을 기울인 것이 보여, 감탄스럽다.

울루무루Woolloomooloo, 비허Beher, 카페 쇼룸Cafe showroom,
푸진 트리Fujin tree, 펀펀 타운Funfun town, 러러카페이樂樂咖啡
등…… 지금 이 순간, 푸진제를 분주하게 만들고 있는
가게 이름들을 당장 떠오르는대로 나열하기만 해도 이 정도니,
앞으로 푸진제의 발전 가능성은 가늠해보기 힘들 정도다.
모쪼록, 빠른 '상업화' 물결에 휩쓸려 이런 운치 있는
풍경을 망가뜨리는 우를 범하지 않기만을 바랄 수밖에……
장바구니가 달린 자전거 뒷자리에 아기를 태우고 달리는 엄마,
길 끝에서 군고구마를 팔고 있는 아저씨의 미소가 계속되도록.

푸진제를
분주하게
만들고 있는
가게 이름들

小普羅旺斯
샤오푸뤄왕쓰

| Petite Provence

☎ 02 2768 1618
📍 447 Fùjin St, Songshan District,
Taipei city
🕐 台北市 松山區 富錦街 447號
🗓 Mon-Sat 10:30-19:00 • Sunday closed
🏠 www.petiteprovence.fr

퇴근길에 우연히 지나친 꽃집에서 산 꽃 한 다발,
전혀 기대하지 않았던 선물용 초콜릿 한 상자처럼
무채색의 일상에 반짝임을 더해주는 요소들이 있다.
이 가게는 바로 그런 요소들을 누리고 즐기기 위해 생겨난 듯,
가게 안 어디를 둘러보나 남프랑스와 이태리에서 공수해온
사랑스럽고 화사한 오브제들로 가득하다.
초록 일색인 푸진제 길목이 바야흐로 시작되는 지점,
담담한 회색빛 색조의 대문이 오히려 시선을 잡아끄는 곳.
한 가지 아쉬운 점은 남성 고객의 호응을 이끌어낼 만한
제품들은 전무하다는 사실. 오직 여성들의, 여성들에 의한,
여성들의 로망을 위해 존재하는 공간이다.

▲ 프로방스라는 이름이 담고 있는 의미처럼,
남프랑스의 편집숍 한 군데를 통째로
이곳으로 옮겨온 듯하다. 유러피안
스타일의 패브릭, 테이블웨어, 향초 등이
주류를 이루고 있다.

▲ 푸진제에 자리잡은 숍들은 이미 외관에서부터
가게 이미지에 일조한다는 느낌이 든다.
정성을 기울인 티가 역력해 금방이라도
문을 열고 들어가고 싶어진다.

▲ 양질의 상품, 수입 브랜드를 달고 있는
물품의 종류가 많아 가격이 저렴한 편은
아니다. 하지만 원목의 품질이나 패키지의
디자인 등을 자세히 들여다보면
어느 정도 수긍이 가는 가격이다.

▲ 찬장 안을 들여다보니, 젊은 여사장의
취향이 단번에 보이는 듯. 깔끔하면서도
색상이 돋보이는 그릇들은 실제로도
얼마든지 활용할 수 있는 제품들이다.

微熱山丘
웨이러산추

| Sunny Hills

☎ 02 2760 0508
📍 1 Alley4 Ln.36, Sec.5 Minsheng East Rd,
  Songshan District, Taipei city
♂ 台北市 松山區 民生東路五段 36巷 4弄 1號
🕐 7days 10:00-20:00
⌂ www.sunnyhills.com.tw

타이완 방문을 마무리하는 시그니처 기념품의 대명사,
파인애플 과자 펑리쑤. 그리고 그 과자 업계를 양분하는
선두주자 중 하나로 이 '써니힐'의 펑리쑤를 꼽는 데에는
이견이 없을 것이다. 특히나 써니힐의 펑리쑤가 인기몰이를
하는 데에는, 뛰어난 맛뿐만 아니라 효과적인 마케팅 전략도
큰 역할을 했다. 대로에서 한 골목 꺾어 들어간 작은 공간에서
큼큼, 달콤한 향내가 살살 풍겨나오는 곳.

써니힐 쇼룸은 건물이나 주위 어디에도 브랜드를 부각시키는
간판 하나 내걸지 않았음에도 불구하고 입소문을 타고
유명해졌다. 조용하고 세련된 방식으로 그들의 브랜드를
우리에게까지 효과적으로 알리고 있는 것이다.

▲ 자리를 잡고 앉기가 무섭게 발랄한 종업원이
   냉큼 따끈한 차 한 잔과 시식용 펑리쑤를
   대령(?)한다. 이 달콤한 맛을 경험한 이상,
   열 개들이 선물용 세트를 구입하지
   않고서는 못 배길 것 같다.

▲ 가정집을 개조한 듯한 편안한 분위기의
   써니힐 쇼룸은 내부 분위기만큼이나 안온한
   작은 동네 어귀에 자리잡고 있다.
   가게 바로 앞 놀이터에서 뛰노는 아이들의
   웃음소리가 기분 좋게 들려온다.

▲ 어느 펑리쑤들과는 달리 날렵하게 생겨
   새콤달콤한 맛을 선명하게 자아내는
   써니힐의 펑리쑤. 새콤한 맛이 강하고
   소의 과육이 살아 있어 특히
   여성들에게 인기가 많다.

▲ 가게 안에는 긴 탁자가 마련되어 있어
   일가족, 단체 손님 등 누구나 편히 들어와
   휴식의 시간을 가지고 기분 좋게
   쇼핑을 즐길 수 있다.

두얼카페이관

朶兒咖啡館

| Daughter's cafe

☎ 02 8787 2425
📍 393 Fùjin St, Songshan District,
Taipei city
🕐 台北市 松山區 富錦街 393號 1樓
🕐 7days 10:00-21:00
🏠 www.bit-films.com/cafe

때때로 어떤 공간 전체의 이미지는 매우 사소한 것에서
비롯되는 경우가 있다. 타이베이를 방문하게 되면서
우연히 접했던 영화 그리고 우연히 알게 된 장소가 있다.
'두얼카페'는 영화 〈타이베이 카페 스토리〉 속 이미지에 반해
방문하게 된 곳이었는데, 직접 찾아가보니 한결같은 분위기에
다시 한번 반해버렸다. 파란 나무 문을 살짝 열고 들어서면,
영화 속에서와 꼭 같은, 가게 중앙에 넓게 오픈된 바에서
종업원들이 분주한 손길로 커피를 내리고 있다.
마룻바닥과 촘촘히 깔린 모자이크 타일들,
각자의 공간에서 타닥타닥 울려오는 노트북 자판 소리……
탁자 위에 놓인 번호표를 따라, 종업원은 이내 곁으로 왔다.

▲ 카페 내부는 생각보다 더 널찍하다.
실내는 다소 어두운 편이지만, 테라스 쪽
천창으로부터 들어오는 오후 햇살에
카페 안 사람들은 제각기 자신의 일에
몰두하는 분위기.

▲ 영화의 배경이 되었던 장소라는 사실을
알려주는 것은 오직 이 영화 포스터 한 장
뿐이다. '여기서 촬영했어요'라는 식의
타이틀을 드러내보이지 않아
오히려 마음에 든다.

▲ 인기 여배우 계륜미桂綸鎂의 열연과
젊은 층에게 공감을 얻기 쉬운 스토리로
사랑받았던 영화의 인기로, 극중 배경이
된 이 카페까지 덩달아 유명세를 탔다.

▲ 푸진제에는 아기자기한 카페나 바가
곳곳에 있다. 커다란 간판 없이 돌이나
금속판에 조그맣게 가게 이름들을
적어둔 센스가 돋보인다.

과하게 친절하지도, 그렇다고 까칠하지도 않은 종업원이
담담한 얼굴로 '브라우니가 맛있다'며 살짝 웃는다.
사실 커피 맛은 그리 뛰어난 편은 아니지만,
아이스 아메리카노의 시원함과 느긋한 분위기에 젖어들어
오래도록 앉아 시간을 보내게 되는 곳이다.
분위기에 취해, 한순간 '여행자'로서의 여유로움이
가져다주는 안락함에 취해.

📍 쉽게 찾아가기!

쑹산지창 역에서 거리가 제법
있어 버스를 타는 것이 좋다.
민취안궁위안民權公園 또는 민
취안궈샤오民權國小 근처에 내
려 공원과 학교 사잇길로 들어
가 만나는 골목이 푸진제이다.

팡팡탕 放放堂

| Funfuntown

☎ 02 2766 5916
📍 359 Fùjin St, Songshan District,
Taipei city
📍 台北市 松山區 富錦街 359號
🕐 Wed-Sun 14:00-21:00 ● Mon-Tue closed
⌂ www.funfuntown.com

가게 이름에서부터 이미 위트가 팡팡 넘치는 '팡팡탕'.

문을 연 지 그리 오래 되지 않은 따끈따끈한 가게이지만,

푸진제의 다크호스로 등극할 날이 머지 않은 듯하다.

가게 안은 주인의 취향을 물씬 반영한, 감각 있고

개성이 분명한 물건들로 가득 차 있다.

주의 깊게 비치된 물건들을 면밀히 살펴보니,

일본 및 유럽 문구 전문 브랜드에서 공들여 만든 '작품'들로만

이 넓은 공간을 꼼꼼하게도 꾸렸다. 꽤나 고가의 상품들이

즐비한지라 여행자로서는 구매가 조금 망설여지기는 한다.

행여나 진열된 상품을 망가뜨리는 불상사가 생기지 않도록,

옷깃을 잘 여민 뒤 오브제 삼매경에 빠져보자.

특히나 '우주'를 콘셉트로 삼아 그에 관련된 도서 및
아이디어 상품들을 재미있게 배치해낸 공간 구성 솜씨가
인상적이다. 믹스 앤드 매치Mix & Match,
올드 앤드 뉴Old & New를 모토로 삼았다는 가게 소개
문구에 걸맞게 오직 고급품 일색이 아니라
흥미를 끄는 키덜트 아이템들 역시 갖춰두었으니
여유를 가지고 분위기를 만끽해보자.
도쿄나 뉴욕 시내 가운데 있다 해도 어색하지 않을 정도로
멋진 감각으로 무장한, 타이베이의 보물창고다!

▲ 유럽에서 공수해온 우주 관련 그림책의
표지가 작품처럼 근사하다.
뒤쪽의 우주복을 입고 서 있는
우주인 오브제는 충전 기능을 겸하는
핸드폰 거치대이다.

▲ 품질이 뛰어날 뿐 아니라 디자인적으로도
우수함이 검증된 상품들을 주로 갖췄다.
물건을 담아주는 패키지 디자인까지 고려한
디스플레이 실력에 그저 고개를 끄덕일 뿐.

▲ 거리를 향해 난 큼직한 유리창 앞을
든든히 지키고 선 대형 로봇 오브제.
이름은 아키보AKIBO라고. 실제로
판매하는 상품인지는 미처
물어보지 못했다.

▲ 과학자의 실험실 같은 콘셉트로
한 코너를 꾸몄다. 동일한 상품을 가지고도
약간의 위트를 가미해 시선을 사로잡는
방식에서 주인의 센스를 엿볼 수 있다.

木柵

動物園內

動物園
등우위안 역

○
원후 선

MRT 원후 선의 종점, 둥우위안 역.
어린아이와 함께 왔다면 바로 옆에 위치한
동물원 구경 역시 나쁘지 않은 선택이지만,
그보다 한층 더 신나는 구경거리와 먹거리를 찾아
케이블카를 타고 산 너머 마을로
새로운 여정을 떠나본다. 케이블카를 타고
고요 속을 얼마간 지나고나면,
푸른 숲과 차밭, 하늘이 가까이 다가온다.
그간 무심히 봐온 타이베이라는 도시의
색다른 얼굴을 또다시 발견할 수 있는 곳.

유독 고양이에 대한 사랑이 가득한 다이베이 시민들의
애정 공세는 이곳에서도 계속된다. 모든 케이블카가
헬로키티 캐릭터로 꾸며져 있어 아이들이 좋아한다.

동물원이 있는 둥우위안 역을 찾아간 이유가 동물원 외에도
하나 더 있다. 종점인 지하철역을 나와 사람들이 향하는 곳을
따라가면 '마오쿵貓空'으로 가는 케이블카를 타는 곳이 나온다.
케이블카는 바닥 부분이 투명한 크리스탈 케이블카와
보통 케이블카 두 종류이다. 크리스탈을 선호하는 이들이
많기는 하지만 아주 오래 기다려야 하는 편은 아니니 자못
궁금한 이들은 여유를 두고 기다려보자. 케이블카의 '종점'인
마오쿵 정거장까지는 꽤 오랜 시간을 공중에 매달린 채로
발 아래 나무와 창밖 하늘을 마주해야 한다. 조용한 노부부와
동승한 덕에 케이블카 안은 그야말로 정적이 흐른다.

마오쿵은 본래 차를 재배하는 차밭으로 유명해졌다.
그렇지만 너른 숲과 상쾌한 공기, 타이베이 시가 한눈
에 내려다보이는 시원한 전망 등이 더 인상적이었다.

마침내 마오쿵 역에 내리면 세 갈래 길이 눈앞에 펼쳐진다.
친절하게도 큼직한 안내도가 바로 옆에 있어 선택을 도우니
원하는 길을 선택해 오늘의 산책을 시작하면 된다.
어느 길을 택할지는 각자의 자유이지만 주로 먹거리와
찻집들이 면해 있는 루트가 인기가 있는 듯하다.
멋진 산장 같은 분위기의 전문 식당을 찾아 들어가도 괜찮고,
야외 간이음식점에서 간단하게 주전부리로 요기를 하고 난 뒤,
이곳저곳을 둘러보다가 전망 좋은 카페에서 쉬어가도 좋겠다.
간이음식점은 작은 규모임에도 불구하고 굴부침, 국수,
빙수 등 갖출 메뉴는 다 갖췄다.

마오쿵은 딱히 목적지가 정해져 있기보다도, 그저 길을 따라
산책하듯 걸으며 주변 풍광을 즐기는 것 자체가 관람의 포인트.
숲길을 걷다보면 옥수수와 아이스크림을 파는 아저씨가
나타나기도 하고, 트럭 안에서 운영하는 작은 카페가
나오기도 하고, 길 양쪽으로는 식당들이 즐비하고……
차를 즐기는 것뿐만 아니라, 다양한 가게들이 찻잎을 이용한
요리를 내거나 다예관을 운영하고 있으므로 마음에 드는 곳을
골라 꼭 한번 들어가보자. 멀리 시내가 그대로 내려다보이는,
마오쿵만의 풍광을 만끽하기 위해 온 게 아닌가!

주변 풍광을
즐기는 것
자체가
관람의
포인트

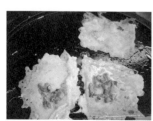

261
▶▶

도교의 가르침에는 8명의 선인이 등장하는데, 그중 여동빈呂洞賓이라는 신을 모신 사원이 이곳 즈난궁이다.

케이블카를 타는 곳에서 표를 구입할 때는 어느 정거장에서 하차하느냐에 따라 표의 가격이 결정된다.
욕심을 부려 즈난궁指南宮 역까지 경유할 수 있는 일종의 1일권을 구매해버렸다. 하여, 즈난궁 본관까지 향하는 다소 '험난한' 여정이 시작됐다.
즈난궁은 타이완의 대표적인 도교 성지이다. 웅장하고 위엄 있는 겉모습과는 달리 커플이 이곳을 찾을 경우 신의 질투로 인해 결국 헤어진다는 재미난 전설이 있는 곳이다.
케이블카 역에서부터 대웅보전까지 가려면 회랑을 지나 한갓진 길목으로도 접어드는 제법 긴 거리를 가야 하므로 당황하지 말고 길을 따라 줄곧 걸어가도록 한다.

▲ 대웅보전으로 향하는 길. 독특한 색감의
멋진 회랑이 등장한다. 회랑 바로 옆에는
구불구불하게 휘어진 거목이 한 그루
있어 신묘한 분위기마저 자아낸다.

▲ 즈난궁에서 바라보는 전경만으로도 감탄할
만하지만, 사원 자체에서 느껴지는 아우라도
인상적이다. 붉은 색채와 처마 아래 장식물이
묘하게 어우러져 독특한 볼거리를 선사한다.

▲ 풍성한 화초들과 각종 제물이 놓인
제단 옆으로는, 자신의 발자취를 남길 수
있는 공간이 마련되어 있다. 겸허한
마음으로 한 자 한 자 써내려간 이름들.

▲ 대웅보전에 다다르면 눈앞에 거칠 것이 없다.
360도 파노라마 전경을 온전히 감상할 수
있는 매력적인 지점이다. 다른 관광객조차
없어 조용하니, 신선놀음이 따로 없다.

높은 산자락에서 사방으로 펼쳐진 기막힌 풍광을 나 홀로
만끽한 것이 아쉬울 만큼이나 멋진 전경이었다. 그만큼
시간을 내어 꼭 찾아볼 만한 가치가 있는 곳이다.
즈난궁은 입구와 출구가 같은 장소에 나란히 위치해 있기 때문에
길을 따라 걷다보면 어느새 다시 케이블카를 탈 수 있는
정거장으로 돌아오게 된다. 케이블카를 타고 다시 '속세'로
돌아가는 길은 늘 아쉬움을 동반한다.

깨알 TIP

마오쿵 케이블카에는 총 4개의 정거장이 있으며, 어느 정거장에 하차하느
냐에 따라 티켓의 가격이 다르다. 보통 즈난궁 역과 종점인 마오쿵 역을
함께 이용할 수 있는 120위안짜리 티켓을 구매한다. 관람이 끝난 후 티켓
을 반납하면 20위안의 보증금을 돌려준다. 이지카드를 사용할 수도 있다.

룽먼커잔 龍門客棧

📞 02 2939 8865
📍 22-2 Ln.38, Sec.3 Zhinan Rd,
　Wenshan District, Taipei city
🕐 台北市 文山區 指南路三段 38巷 22-2號
🕐 7days 11:00-26:00

어느 중국 영화의 제목일 것만 같은 느낌의 이름,
'용문객잔'. 이 이름을 가진 공간의 정체는
다름 아닌 식당이다. 게다가 명성만 그럴싸한 것이 아니라,
맛 또한 뒤지지 않는 진짜 맛집이다.
녹찻잎을 그대로 이겨넣어 볶아낸 차 볶음밥이 유명한데,
볶음밥 한 그릇을 기본으로, 탕 한 종류를 추가 주문해
가족들이 둘러앉아 푸짐하게 먹는 모습이 일반적이다.
식당 안은 넓고 바람이 잘 통해 쾌적한데다가, 고목을
통째로 가공해 실내를 꾸며놓아 산장 같은 분위기를 낸다.
음식 또한 친절한 종업원들의 응대와 함께 맛깔나게 제공되니,
그렇게나 많은 사람들이 이곳을 찾아오는 이유가 있다.

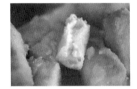

▲ 찹쌀을 섞어 반죽했는지 튀김 옷이
쫄깃하게 느껴진다. 입에서 가볍게
파사삭 부서지는데, 식감이 그만이다.
속에 든 두부는 고소하면서도 담백해,
새콤한 소스를 살짝 찍어 먹으면
더할 나위 없는 맛이다.

▲ 메뉴판에 '추천 메뉴'라 적혀 있기는 했지만,
큰 기대 없이 주문했다가 반해버린 두부 튀김!
갓 튀겨 뜨끈뜨끈해 더욱 맛있게 느껴지는 건
말할 것도 없고, 양도 푸짐하다.

▲ 화창한 오후, 3대가 함께 모인 가족 단위의
손님이 유독 많이 보인다. 메인으로
큰 사이즈의 탕이나 고기 요리를 주문해
나누어 먹으며, 각자 볶음밥이나 국수 등을
추가해 먹는 것이 보통이다.

▲ 널찍한 식당 바깥으로 나무들이 우거져 있다.
식당 안으로는 시원한 바람이 솔솔 불어와
쾌적하다. 좌석 간격도 충분해
각자의 한때를 마음껏 즐길 수 있는 곳.

清泉山莊
칭취안산장

....

☎ 02 2936 8761
📍 33-1 Ln.38, Sec.3 Zhinan Rd, Wenshan
District, Taipei city
🕐 台北市 文山區 指南路三段 38巷 33-1號
🕐 Tue-Fri 11:30-22:00 / Sat-Sun 11:00-23:00
⌂ http://gingguan.blogspot.com

마오쿵에서 '최고의 전망'을 볼 수 있다는 식당이자 찻집이다.
방송에도 등장한 적이 있고 각종 요리 대회에서
수상한 경력도 있다는 명성답게, 가게 안은
수많은 사진들과 방명록으로 장식되어 있다.
하지만 그 명성에 비해 가게 안에는 낡은 테이블과
촌스러운 무늬의 테이블보가 마련되어 있는데
그 소박함이 도리어 정겹게 느껴지는 곳이다.
다구들을 제대로 갖춰 한상 차림으로 나오는 잎차 종류는
300~350위안 정도로 저렴한 편은 아니다.
하지만 식사 메뉴가 풍성하고 구성이나 맛 또한
괜찮은 편이라 도리어 식사를 즐기는 손님들이 더 많다.

▲ 경치를 즐기며 쉬었다 가는 장소로
알려져 있는데, 식사류도 괜찮은 편이다.
이미 꽤나 유명세를 탄 듯, 식당 한쪽
벽에는 방송 관련 사진과 유명인들의
사인이 가득하다.

▲ 마오쿵 일대에서 가장 높은 곳에 위치해
있다는데 진위 여부는 알 수 없다. 그래도
전망이 좋은 것만은 확실하다.
손님이 많아 바깥쪽 전망 좋은 자리로
안내하지 못해 미안하다는 표정을 짓는
종업원의 마음 씀씀이가 와 닿았다.

▲ '오색 전빵'은 따끈따끈하게 갓 쪄 나와
만족스러웠는데, 간식이라기보다는
식사시 주문해 요리와 함께 즐기는 것이
더 일반적이다. 각종 색이 곱게 물들어
있어 입이 아닌 눈으로 먹는 듯한 기분.

▲ 알고 보니 '오골계 탕'이다. 국물은
맑고 개운한 편. 뚝배기 가득 각종
말린 약재 및 대추 등을 넣어주기 때문에
한국인들에게도 인기가 좋을 듯하다.

펑리쑤 열전

타이완을 방문했던 사람들의 손에서 빠질 수 없는 제1의 기념품. 파인애플 과자 펑리쑤는 그 유명세만큼이나 다양한 브랜드의 상품이 있다. 그중에서도 당당히 상위권을 차지하고 있는 뛰어난 풍미의 세 브랜드.

수신방
手信坊

써니힐
微熱山丘

치아더
佳德

패키지가 중후한 편이고 맛도 많이 달지 않아 어른들께 선물하기 좋다. 겉을 감싼 과자의 식감도 부드럽고 전체적으로 무난한 편이라, 꾸준한 인기를 얻고 있다.

귀여운 패키지와 시식용 펑리쑤라는 훌륭한 마케팅 전략으로 인기. 새콤한 맛이 강한 편이고 과육의 씹히는 맛이 가장 잘 살아 있어, 여성들의 선호도가 높다.

치아더를 제일로 꼽는 이들이 많다. 매장은 아침 일찍부터 문을 열며, 파인애플 외에도 크랜베리, 룽옌 맛도 인기이다. 여러가지 맛을 섞어서 구매할 수 있어 좋다.

매일 TIP

수신방의 제품은 공항 면세점에서도 구매가 가능하지만, 치아더와 써니힐 제품은 특정 지점을 방문해야만 구매가 가능하다. 간혹 중형급 이상의 호텔에서는 대리 구매 주문을 받고 있는 경우도 있으니, 미리 확인해볼 것. 최근 써니힐 펑리쑤의 가격이 급격히 올라 소비자들의 볼멘소리를 듣고 있다.

THREE TAIWAN

버블티 열전

COCO
都可

우스란
五十嵐

톈런밍차
天人茗茶

매장 수가 많아 어느 곳에서나 쉽게 맛볼 수 있다. 밀크티 이외의 과일 주스나 스무디 등도 다양하게 출시되며, 저렴하지만 맛도 괜찮은 편이다.

선명한 노란색 간판이 한눈에 띄고 매장 수도 많은 브랜드. 당도나 사이즈 등 선택의 폭이 넓다. 타피오카를 추가할 경우에도 따로 요금을 더 받지 않는다.

상대적으로 매장 수가 적은 편이지만, 본연의 차 맛에 집중한 담백함이 인상적이다. 매장 내에서 차 시음 및 자체 브랜드 상품을 구매하는 것도 가능하다.

DETAILS

02 2882 1826
1997 open
3F 116 Hougang St.
Shilin District, Taipei city
www.coco-tea.com

DETAILS

0800 885 050
1994 open
1-25 Fenglexiang,
Nantun District, Taichung city
www.50lan.com.tw

DETAILS

02 2776 5580
1953 open
6F 107 Sec.4 Zhongshao East Rd.
Da'an District, Taipei city
www.mytenren.com

SURROUNDING

PART

6

근교로 나서기

황금을 꿈꾸던 사람들

진과스는 이제는 역사 속으로 '사라진 직업'이
된 광부들의 지난한 삶의 흔적을 되새길 수
있는 곳이다. 옛 광산 마을에선 기대 이상으로
멋진 전경이 펼쳐졌고, 차게 식었지만
큼지막한 고깃덩어리가 든 '광부 도시락'을
맛봤고, 갱내를 걸으며 잠시나마 광부들의
노곤한 일상을 엿볼 수 있었다.
마지막을 장식하는 것은 무게가 무려
200kg에 달한다는 금덩이였다!
먼 옛날, 하루에도 수없이 생사의 고비를
넘나들며 생계를 꾸려갔던 이들의
이루기 힘든 꿈이 넘실대던 광산 마을.
일찌감치 버스를 잡아타고 구불구불
언덕길을 따라 진과스로 떠나본다.

가는 방법

◎ 타이베이 기차역에서 루이팡瑞芳 역으로
간다. 루이팡 기차역 광장에서 길을 건너
주편九份/진과스金瓜石 방면 버스 승차.
버스를 타고 20~30분가량 걸린다.
◎ MRT 반난 선 중샤오푸싱忠孝復興 역에서
1번 출구로 나간다. 옥색 건물 SOGO 백화점
맞은편에서 지룽커윈基隆客運 버스를 찾아
승차한다. 주펀까지 1시간가량 소요.

진과스
金瓜石

도시락과
황금 덩어리

—

1# Jinguashi

'광부 도시락'은 평범한 고기 반찬으로 된
식사지만, 예쁜 보자기에 싸인 귀여운
스테인리스 그릇에 담겨 나오므로 누구나
한 번씩은 맛보는 유명 메뉴이다.
맛도 그리 나쁘지 않은 편이다.

홍등에 불이 켜지기 시작하면……

국내 드라마에 등장했던 인연으로 이제는
한국에서 더 유명해져버린 곳이기도 하지만,
주펀은 이미 오래 전부터 타이베이 시민들의
주말 나들이 겸 데이트 장소로 사랑받아온 곳이다.
밤이 되면 가파른 계단 옆으로 일렬로 늘어선
홍등이 빛을 발하고, 그 붉은 빛에 홀려
계단길 어느 찻집 안으로 무작정 발걸음하고
싶은 마을, 비에 젖어드는 마을.
본래 가난한 아홉 가구가 의지하며 살던
영세한 마을이었으나, 이제는 명실공히
최고의 관광지가 됐다. 주펀 거리는 그야말로
각종 먹거리의 천국. 소라 구이에서부터 소시지,
쫄깃한 위위안과 달콤한 땅콩 아이스크림까지.
좁은 골목길을 무작정 헤매본다.

가는 방법

◎ 타이베이 기차역에서 루이팡 역으로
간다. 루이팡 기차역 광장에서 길을 건너
주펀/진과스 방면 버스 승차.
버스를 타고 20~30분가량 걸린다.
◎ MRT 반난 선 중샤오푸싱 역에서
1번 출구로 나간다. 옥색 건물 SOGO
백화점 맞은편에서 지룽커윈 버스를 찾아
승차한다. 주펀까지 1시간가량 소요.

주펀
九份

홍등 계단 길과
먹거리 골목

2# *Jiufen*

주펀은 골목마다 특색 있는
먹거리가 풍부해 하나의 시장을
이루고 있다 해도 과언이 아니다.
특히 휴일에는 좁은 거리가 굉장히
붐비므로 동선을 잘 짜야 한다.

주펀에서 가장
알려진 두 길,
수치루와 지산제.
지우펀을 동서로,
남북으로 가르며 온갖
가게들이 이곳에
모여 있다.

노니는 앵무새와 가마에 불 때는 연기

잉거는 일명 '도자기 마을'로 이름난 동네이다.
기차역에서 나와 마을 도로를 지나 조금만
걸어가면 금방 야외 공원 및 도자기 거리로
조성된 곳이 보인다. 거리에서 가장 먼저 시선을
사로잡는 건 거리 양쪽으로 즐비하게 늘어선
야자수의 모습! 열을 맞춰 선 듯 반듯하게
하늘을 향한 모습이 굉장히 이색적이다.
축제 기간이면 공방 곳곳에서 일일 도자기 제작
체험 및 이벤트를 크게 벌이기도 한다.
거리 양쪽은 전부 다 도자에 관한 가게들로,
일상생활 용기에서부터 어마어마한 가격을
호가하는 '작품'들까지 다양하게 마련되어 있어
어떤 것이든 마음 내키는 만큼 구경할 수 있다.
모던한 도자기 박물관도 가까운 곳에 있다.

가는 방법

○ 타이베이 기차역에서 잉거행 기차를
타고 잉거 역에서 내린다. 1시간가량 소요.
○ MRT 신푸新埔 역에서 702번 버스 승차,
또는 MRT 융닝永寧 역에서 917번 버스를
탄다. 잉거 역에서 내려 잉거라오제鶯歌老街
라고 써 있는 방향을 따라 10분가량 걸으면
도자기 거리에 도착한다.

잉거
鶯歌

도자기 마을
야자수 거리

—
3# Yingge

골목길 뒤쪽 넉넉한 평수의
공방들에는 체험 학습을 위한
개인용 물레 여러 개와 다양한
조각 도구들이 준비되어 있다.

라오제에 들어서면
가장 먼저 압도적으로
시선을 사로잡는
야자수 거리.
거리 양쪽으로 즐비한
가게들은 전부 다
도자기 관련 상품들을
취급한다.

따뜻하고 감미로운 빵 냄새를 좇아

싼샤는 작지만, 속이 꽉 찬 알밤같이
알찬 마을이다. 테마파크처럼 정갈하게
꾸며진 벽돌 거리를 돌며 사진을 찍고 그 유명한
'황금누각빵' 하나를 사 들고 오물거리다보면
시간 가는 줄을 모른다. 소의 뿔 모양을 꼭 닮은
빵의 고소한 내음이 이미 동네를 채우고 있다.
담백하고 물리지 않는 그 맛에 몇 개를
집어먹게 되는지……
청나라 말기의 번화가를 그대로 본떠 구상한
싼샤 전통 거리는 간판 하나하나까지
개성 있는 거리다. 그러면서도 한쪽에서는
복권 긁는 사람들의 웃음소리가 요란한,
사람 사는 동네의 냄새가 물씬 풍기는
'숨겨진 명소'인 게 분명한 곳.

가는 방법

MRT 징안最安 역에서 908번 버스 승차,
또는 MRT 신푸 역에서 910번 버스를 탄다.
싼샤귀샤오三峽國小 역에서 내린다.

싼샤
三峽

소뿔 모양 빵과
전통 거리

—

4# Sanxia

소의 뿔 모양을 본떴다 해서 이름도
'황금누각빵黃金牛角包'이다. 상당히
자그마한데, 보기보다 단단하다.
많이 달지 않은 맛에 인기가 높다.
싼샤를 방문했다면 꼭 맛봐야 할
대표 먹거리.

고양이 파라다이스, 고양이 만세!

허우둥은 온전히 고양이에 의해,
고양이를 위해 만들어진 고양이의 마을이다.
역내 화장실에서부터 뒷동산 안내판까지……
보이는 것들은 온통 귀여운 고양이 캐릭터.
게다가 마을을 돌아다니다보면 어디선가
나타나 방문객들을 지긋하게 응시하고 있는
고양이들의 모습이 눈에 선해 쉽사리
떠날 수가 없는 곳이다. 역전에는 국숫집과
고양이 얼굴 모양 쿠키를 파는 가게가 장사진을
치고 있다. 마을 뒤쪽 고개에 올라 시원한
바람을 맞으며 고양이들의 애교 섞인 핫소리를
듣고 있노라면 이곳이 고양이들의 천국인지
여행자들의 천국인지, 잠시 헷갈리게 된다.

가는 방법

타이베이 기차역에서 루이팡 역으로 간다.
루이팡 역에서 핑시平溪 선으로 갈아탄다.
안내원의 도와줄 뿐 아니라 안내판도 잘
설치되어 있기 때문에 환승이 어렵지 않다.

핑시 선 l일권
핑시 선 루이팡 — 징통 菁桐 구간을
하루 동안 무제한으로 이용할 수 있다.
핑시 선에는 허우둥과 스펀 등 명소가 많다.

핑시 선
고양이 마을

5# Houdong

타이완 사람들의 동물 사랑은 극진하다.
애완동물을 데리고 산책하는 사람들의
모습을 자주 볼 수 있다.
거리의 개와 고양이들도
온순한 편이다.

마을 뒷산 쪽으로
작게 나 있는 길을
따라가다보면 어느덧
꼭대기에 도착한다.
길목 곳곳에서 보이는,
고양이들을 위한
작은 염려와 배려.

기찻길 옆 시장살이, 천둥 천둥 잘도 난다

스펀의 매력으로 말할 것 같으면
덜컹덜컹, 코끝을 스칠 듯 가까운 거리를
시도 때도 없이 지나가는 기차 구경은 물론,
가족들의 안녕과 행복을 기원하는 글을 적은
천등을 하늘로 띄워보내는 의식을
빼놓을 수 없다. 뿐만 아니라,
제법 가열차게 흐르는 긴 강 위에 놓인
구름다리를 건너노라면 가끔씩 불어오는
바람에도 다리가 후들댄다.
가지가 우거진 고목 아래 백 년이나 되었다는
국숫집이 건재한데 신선한 죽순을 공수해서
솥에 펄펄 끓여내는 별미인 죽순탕도 있다 하니
시장 구경에도 시간을 꽤 할애해야 하겠다.

가는 방법

타이베이 기차역에서 루이팡 역으로 간다.
루이팡 역에서 핑시 선으로 갈아탄다.
허우둥 역에서 조금만 더 가면 스펀 역이다.

스펀
十分

천등 떠우는
기찻길 마을

6# Shifen

천등을 날리는 이벤트는 끝없이 이어진다.
8가지의 색상은 각각의 의미를 지니고
있다. 가격은 큰 것과 작은 것에 다소
차이가 있으나 큰 것도 그리
비싸지 않다. 어느 것을 선택하든
좋은 추억으로 남을 것이다.

산 너머 원주민 문화 속으로

우라이는 과거 타이완 전통 원주민들이
대대로 촌락을 이루어 생활하던 산간 지방으로
오래된 풍속의 흔적을 여전히 잘 찾아볼 수
있는 곳이다. 마을을 가로지르는 큰 강은
따뜻한 물이 흘러 야외에서도 온천을 즐길 수
있다 하니, 이 어찌 궁금하지 않으랴.
마을 한가운데로 난 옛 거리를 따라 걷다보면
아직도 소박한 산간 마을의 정취가 살아 있어
토란, 달걀 따위의 먹거리와 싱싱한 제철 채소
등이 방문객의 시선을 물들인다.
특히 대나무 줄기에 양념한 밥을 넣어 쪄내는
죽통밥이 별미이며, 한 가게 건너마다 줄지어
선 가게에서 구워주는 떡꼬치는 심심할 때마다
우리의 입맛을 달래는 역할을 한다.

가는 방법

MRT 신뎬 선 종점 신뎬 역에서
하차 후, 우측에 있는 버스 정류장에서
우라이라고 쓰여 있는 버스를 탄다.
우라이 역이 마지막 정거장이다.
40~50분가량 소요된다.

우라이
鳥來

죽통밥과
온천 마을

—

7# Wulai

오래 전부터 원주민들이 대대로 터전을
이루고 살아온 지역이라 예전 그대로의
소박함이 곳곳에 남아 있다.
원하는 소스를 듬뿍 뿌려주는 구운
떡꼬치는 쉽게 찾아볼 수 있는
좋은 간식거리.

팔뚝 굵기의 싱싱한
대나무에 알맞게 간한
찹쌀밥을 넣어 쪄낸
죽통밥은 선명히
올라오는 죽향의
풍미가 그만이다.

| 임가화원

☎ 02 2965 3061
📍 9 Ximen St, Banqiao District, Taipei City
🕐 台北市 板橋區 西門街 9號
🗓 7days 9:00-17:00 • 1st Monday closed
🏠 www.linfamily.ntpc.gov.tw/

| 시먼훙러우

☎ 02 2311 9380
📍 10 Chengdu Rd, Wanhua District, Taipei City
🕐 台北市 萬華區 成都路 10號
🗓 Sun-Thu 11:00-21:30 / Fri-Sat 11:00-22:00
🏠 www.redhouse.org.tw • Monday closed

| 쓰쓰난춘

☎ 02 2723 7937
📍 50 Songqin St, Xinyi District, Taipei City
🕐 台北市 信義區 松勤街 50號
🗓 • Simple market / Sat-Sun 13:00-19:00

| 룽산쓰

☎ 02 2302 5162
📍 211 Guangzhou St, Wanhua District, Taipei City
🕐 台北市 萬華區 廣州街 211號
🗓 7days 6:00-22:00
🏠 www.lungshan.org.tw

| 화산1914

☎ 02 2358 1914
📍 1 Sec.1 Bade Rd, Zhongzheng District, Taipei City
🕐 台北市 中正區 八德路一段 1號
🗓 7days 9:30-21:00
🏠 www.huashan1914.com

| 타이베이 필름하우스

☎ 02 2511 7786
📍 18 Sec.2 Zhongshan North Rd, Zhongshan District, Taipei City
🕐 台北市 中山區 中山北路二段 18號
🗓 7days 11:00-22:00 • cafe / 10:00-24:00
🏠 www.spot.org.tw

| 타이베이 당대예술관

☎ 02 2552 3721
📍 39 Chang'an West Rd,
Datong District, Taipei City
🕐 台北市 大同區 長安西路 39號
🕒 Tue-Sun 10:00-18:00 • Monday closed
🏠 www.mocataipei.org.tw

| 타이베이 스토리하우스

☎ 02 2587 5565
📍 181-1 Sec.3 Zhongshan North Rd,
Zhongshan District, Taipei City
🕐 台北市 中山區 中山北路三段 181-1號
🕒 Tue-Sun 10:00-17:30 • Monday closed
🏠 www.storyhouse.com.tw

| 바오안궁

☎ 02 2595 1676
📍 61 Hemi St, Datong District,
Taipei City
🕐 台北市 大同區 哈密街 61號
🕒 7days 6:30-22:30
🏠 www.baoan.org.tw

| 마지 스퀘어

☎ 02 2597 7112
📍 1 Yumen St, Zhongshan District,
Taipei City
🕐 台北市 中山區 玉門街 1號(圓山花博公園)
🕒 7days 11:00-22:00
🏠 www.majisquare.com

| 쿵먀오

☎ 02 2592 3934
📍 275 Darong St, Datong District,
Taipei City
🕐 台北市 大同區 大龍街 275號
🕒 Tue-Sat 8:30-21:00 / Sun 8:30-17:00
🏠 www.ct.taipei.gov.tw

| 베이터우 온천박물관

☎ 02 2893 9981
📍 2 Zhongshan Rd, Beitou District,
Taipei City
🕐 台北市 北投區 中山路 2號
🕒 Sun-Tue 10:00-17:30 • Monday closed
🏠 www.beitoumuseum.taipei.gov.tw

| 단수이 단장 중고등학교

- ☎ 02 2620 3850
- ◉ 26 Zhenli Street, Tamsui District, Taipei City
- ♂ 台北市 淡水區 眞理街 26號
- 🚌 영화〈말할 수 없는 비밀 不能說的秘密〉촬영지

| 산토 도밍고

- ☎ 02 2623 1001
- ◉ 1 Ln.28 Zhongzheng Rd, Tamsui District, Taipei City
- ♂ 台北市 淡水區 中正路 1號
- 🕐 Mon-Fri 9:30-17:00 / Sat-Sun 9:30-18:00

| 디화제

- ☎ 02 2720 8889
- ◉ Sec.1~2 Dihua St, Datong District, Taipei City
- ♂ 台北市 大同區 迪化街 1~2段
- 🕐 Mon-Sat 10:00-21:00 / Sun 10:00-19:00

| 상인수이찬

- ☎ 02 2508 1268
- ◉ 18 Alley2, Ln.410 Minzu East Rd, Zhongshan District, Taipei City
- ♂ 台北市 中山區 民族東路 410巷 2弄 18號
- 🕐 7days 6:00-24:00
- ⌂ www.addiction.com.tw

| 싱톈궁

- ☎ 02 2502 7924
- ◉ 109 Sec.2 Minquan East Rd, Zhongshan District, Taipei City
- ♂ 台北市 中山區 民權東路二段 109號
- 🕐 7days 5:00-22:30
- ⌂ www.ht.org.tw

| 스다예스

- ◉ Longquan St, Shida Rd, Taishun St, Da'an District, Taipei City
- ♂ 台北市 大安區 龍泉街, 師大路, 泰順街
- 🕐 7days 17:00-25:00 (가게마다 다름)
- ⌂ http://106.tw.tranews.com

| 마오쿵 케이블카

☎ 02 218 12345
📍 32 Sec.2 Xinguang Rd,
   Wenshan District, Taipei City
🕐 台北市 文山區 新光路二段
🕐 Tue-Thu 9:00-21:00 ● Monday closed
   Fri 9:00-22:00 / Sat-Sun 8:30-21:00
🏠 http://english.gondola.taipei

| 즈난궁

☎ 02 2939 9922
📍 115 Wanshou Rd, Wenshan
   District, Taipei City
🕐 台北市 文山區 萬寺路 115號
🕐 7days 6:00-22:00
🏠 www.chih-nan-temple.org

TAIPEI METRO

유유 悠
카드 遊

EASY
CARD

MRT를 이용할 경우, 일회용 티
켓은 토큰 형식으로 되어 있어
보관에 유의해야 한다. 유유카
드를 사용하면 20퍼센트 할인된
가격으로 각종 교통수단 이용이
가능하며 지정된 대형 상점, 편
의점 등에서도 카드를 현금 대
신 사용할 수 있어 편리하다. 현
금이나 카드로 충전이 가능하다.
사용 후, 지하철역 관리소에서
보증금과 남은 금액을 현금으로
환불받을 수 있다. 공항에서는
환불해주는 곳이 없으므로 유의.

劍南路 西湖 港墘 文德

大直
松山機場
쑹산지창
中山國中
南京東路

國父紀念館
市政府　永春
後山埤　昆陽
南港

內湖
大湖公園
葫洲
東湖
南港
軟體園區

忠孝
復興

忠孝敦化 중샤오둔화

南港
展覽館

信義
安和

大安

象山

Wenhu

文湖線
원후 선

台北101/世貿
타이베이101/스마오
科技大樓

六張犁 麟光

辛亥
萬芳醫院

動物園 둥우위안

萬芳社區 木柵

猫空

動物園內

指南宮

북노마드

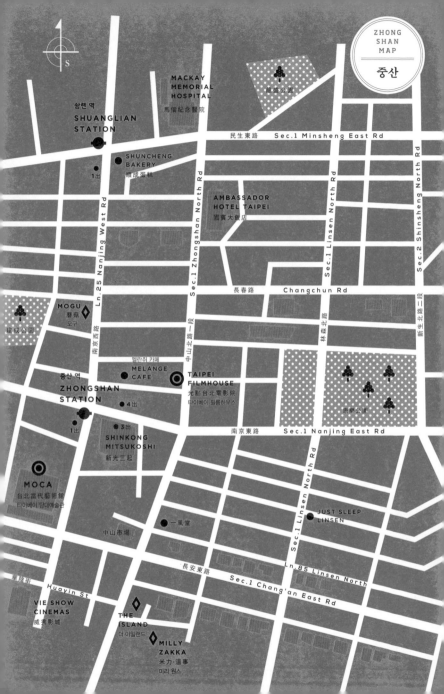

N

S

MACKAY
MEMORIAL
HOSPITAL
馬偕紀念醫院

榮星公園

쌍롄 역
SHUANGLIAN
STATION

民生東路   Sec.1 Minsheng East Rd

SHUNCHENG
BAKERY
順成蛋糕

1出

Ln. 25 Nanjing West Rd

Sec.1 Zhongshan North Rd

Sec.1 Linsen North Rd

Sec.2 Shinsheng North Rd

AMBASSADOR
HOTEL TAIPEI
國賓大飯店

長春路   Changchun Rd

新生北路二段

中山北路一段

林森北路

建成公園

MOGU
蘑菇
모구

南京西路

MELANGE
CAFE
멜란쥐 카페

TAIPEI
FILMHOUSE
光點台北電影院
타이베이 필름하우스

康樂公園

중산 역
ZHONGSHAN
STATION

4出

1出

3出

SHINKONG
MITSUKOSHI
新光三越

南京東路   Sec.1 Nanjing East Rd

MOCA
台北當代藝術館
타이베이 당대예술관

一風堂

中山市場

Sec.1 Linsen North Rd

JUST SLEEP
LINSEN

長安東路

Ln. 85 Linsen North

保陽街

Huayin St

Sec.1 Chang'an East Rd

VIE SHOW
CINEMAS
威秀影城

THE
ISLAND
더 아일랜드

MILLY
ZAKKA
米力·溫事
미리 원스